生活化学实验设计

龙 琪 著

特配电子资源

微信扫码
· 视频学习
· 知识拓展
· 科学探趣
· 互动交流

 南京大学出版社

内容简介

本书阐述了如何设计生活化学实验的相关问题。全书内容共分为 6 章。第 1 章探讨了生活化学实验的概念与价值;第 2 章、第 3 章解释了生活化学实验内容设计的基本原理、方法与案例;第 4 章呈现了生活化学实验教学情境的设计方法与案例;第 5 章论述了生活化学实验作为学校课程开设时的课程设计问题;第 6 章介绍了国外生活化学实验设计的具体案例。概括起来,生活化学实验设计主要有两个维度,一个维度是实验内容的设计,该维度体现在本书第 2 章、第 3 章。另一个维度是生活化学实验怎样转化为学校课程、怎样进行教学设计,该维度体现在本书第 4 章、第 5 章、第 6 章。本书可供化学或科学教育工作者、大学生、科普工作者等读者使用。

图书在版编目(CIP)数据

生活化学实验设计 / 龙琪著. — 南京 : 南京大学出版社,2020.10(2021.2 重印)
 ISBN 978 - 7 - 305 - 23303 - 6

Ⅰ. ①生… Ⅱ. ①龙… Ⅲ. ①化学实验—设计 Ⅳ. ①O6－3

中国版本图书馆 CIP 数据核字(2020)第 104461 号

出版发行　南京大学出版社
社　　址　南京市汉口路 22 号　　　邮　编　210093
出版人　金鑫荣

书　　名　**生活化学实验设计**
著　　者　龙　琪
责任编辑　刘　飞　　　　　编辑热线　025 - 83592146

照　　排　南京南琳图文制作有限公司
印　　刷　南京人文印务有限公司
开　　本　787×960　1/16　印张　11.75　字数　205 千
版　　次　2020 年 10 月第 1 版　2021 年 2 月第 2 次印刷
ISBN 978 - 7 - 305 - 23303 - 6
定　　价　35.00 元

网址:http://www.njupco.com
官方微博:http://weibo.com/njupco
官方微信号:njupress
销售咨询热线:(025) 83594756

 # 前　言

　　化学是一门中心科学,医药、健康、材料、环境、能源、粮食等无一不和化学有着密切的联系。如果没有化学,人们的吃、穿、住、行都会成为问题。如果没有化学,人类社会也不会取得如此伟大的成就。世界范围内新一轮科技革命和产业变革正加速进行,我国正在实施一系列创新驱动重大战略。化学作为一门重要的基础学科,必将发挥重大作用。

　　然而,公众眼中的化学却并非如此。很多公众不了解化学、误解化学,甚至恐惧化学。这种现象的产生与恶性化学事件及其负面报道有关。化学在提高人们生活质量,推动人类社会发展的同时,也确实带来很多问题,比如化工厂安全生产事故、废气废液不合理排放、化学实验室爆炸、食品添加剂使用不当、滥用农药化肥、汽车尾气排放等。化学工作者应引导公众辩证全面地看待问题,在减少化学不良影响的同时,积极地向公众展示化学的正面形象。

　　少年强则国强。现在的青少年是国家未来的建设者和接班人。给青少年实施怎样的化学教育将决定着未来的公众拥有怎样的化学观念,也决定着我国在未来全球创新生态系统中能否占据战略制高点。化学实验是化学学科的独特内容和教学方式,也是化学学科的魅力所在。但是,目前我国基础教育长期过于强调对知识的熟练掌握,大部分学生接触化学实验的机会并不多。很多化学教师想给学生多做实验,开设实验类校本课程或者社团活动,但由于各种主、客观实验条件的限制未能如愿。让每个学生做实验成为一个可望而不可即的梦想。

　　生活化学实验是解决以上问题的可行路径。百闻不如一见。与其告诉公众化学改变了生活,不如通过实验让他们亲眼见证,在实验操作中切身感受化学怎样改变了生活,身边的化学究竟在哪里,化学能解决哪些生活中的实际问题。生活化学实验的原料取材于生活,既安全,又方便。在中学开设

生活化学实验课程,可以让每个学生都动手做实验,使化学实验不再是"奢侈品"。通过生活化学实验,培养学生的科学兴趣,引导青年学子从事科学类相关职业,树立科技报国的人生理想。

本人对生活化学实验的兴趣源自研究生期间的学习。那时正值20世纪90年代末,处于我国第八次基础教育课程改革前夕。当时涌现了一大批全新的教育理念,包括课程内容要基于学生的生活经验,教学过程要体现学生的主体性,学习方式要提倡自主、合作、探究等。化学教育尤其提倡从生活走进化学,从化学走向社会的基本理念。但在当时,新课程理念如何落地尚无经验可循,大家都在摸索中前进。本人通过阅读国内外文献、出国访学进修、参加学术交流等活动,发现生活化学实验是使这些教育理念落地,改变我国化学实验教学现状的良方。于是开始关注生活化学实验议题。

然而,由于各种主、客观原因,一直没能集中精力发展这一学术兴趣,期间只是零星地做些相关研究和实践工作。常被中小学邀请去做实验表演,给中学化学教师做暑期培训,在大学通识课与化学教学论实验课程中融入生活化学实验。研究发现,中小学生、中学化学老师和大学生都对生活化学实验表现出了浓厚兴趣。生活化学实验不但使他们直观感受到化学与生活的密切联系,而且能提高他们的科学兴趣,有助于培养实验操作能力和实验创新能力。一些受过培训的中学教师将学到的生活化学实验加以改进,用于自己的化学教学,收效显著。自2008年以来,本人开始系统研究生活化学实验,带领学生参与实验设计、进行实验验证与视频录制工作,指导学生申报江苏省大学生创新创业训练计划,完成本科毕业论文的撰写等工作。取得的原创性成果陆续发表在《化学教育》《化学教学》《中学化学教学参考》等重要期刊。

多年来一直有个心愿,将自己在生活化学实验方面的所思、所想、所做整理成册,以此与同行切磋交流,促进我国化学实验教学现状的转型。2020年的新冠肺炎疫情使我对生活化学实验在提升公众科学素养、培养学生科学兴趣方面的作用有了新的认识,也给了我长达半年的完整时间,对过去的研究工作加以系统思考和整理,进而完成本书的创作。

本书系统阐述了生活化学实验的基本概念、内容设计、情境设计、课程设计等问题。生活化学实验本身是安全的,但是在课程实施过程中存在一些可能的安全隐患。因此,本书在内容上比较突出的特点是强调生活化学实验在课程实施方面的安全性。关于这一点,在第5章第3节的《教学原则》部分有专门论述,在某些实验的【实验说明】部分也有相关提示。本书的另一个特点是所有实验均配有视频或照片,可以扫描书中的二维码进行观看,以增加实验的直观感受。

非常感谢南京大学出版社蒋平主任和刘飞编辑。他们对本书的选题定位、写作框架、版面设计等提出了很多合理化建议,在文字修改与校对等方面也付出了大量心血。还要感谢参与生活化学实验研究与实验视频录制工作的所有学生。

书山有路勤为径,学海无涯苦作舟。本人深知自己的学术能力十分有限,一直在不断学习、摸索和实践的道路上行进。书中难免有不妥甚至错误之处,敬请读者和同行们批评指正。我的联系方式是 longqi@njxzc.edu.cn。

龙　琪

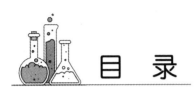

目　录

第1章 绪 言

第1节 生活化学实验的概念辨析

生活化学实验,顾名思义,与生活有关的化学实验。它既可以与实验原材料相关,也可以与实验器材相关,还可以与研究问题相关等。实验原材料相关是指以生活中的食品、饮料、药品等作为实验试剂。实验器材相关是指以生活中的日常器皿、常用工具为实验设备。研究问题相关是指以解决日常生活中的实际问题为实验目的。在一个具体的生活化学实验方案中,原料相关、器材相关和问题相关可以只涉及其中某一项,也可以全部涉及。总之,只要与日常生活有密切联系的化学实验均可认为是生活化学实验。或者说,植根于生活经验的化学实验均是生活化学实验。

一、生活化学实验与家庭小实验

生活化学实验与家庭小实验都是以生活物品为原料和器材进行实验,其目的都是为促进学生动手做实验,培养科学兴趣和科学素养。它们有着必然联系,但不完全相同。家庭小实验属于生活化学实验的范畴,但生活化学实验的外延更为宽泛。

初、高中化学教材中设置了大量家庭小实验,以教材栏目的形式出现,依附于教材中的化学知识点,实验内容难以自成体系,系统性不强。通常来讲,这类实验的实施场地是在家里,实施时间是课余,实施主体是学生及其家长。学生在家里自行开展家庭小实验,教师的指导与监管很难到位,实验过程中还可能存在一定安全风险。生活化学实验的风险源主要来源于麻痹的安全意识。由于生活化学实验所用原料和器材大多非常安全,所以实验者容易放松警惕,忽视实验安全,养成不良的实验习惯。本着安全第一的原则,不提倡在家中做生活化学实验,主张在实验室里开展生活化学实验。

生活化学实验将实验安全放在首要位置。不鼓励学生独自一人做实验。即使是最安全的实验,也要求有专业人士进行指导与监管。专业人士可以是教师,也可以是具备一定化学实验基本常识的父母或其他成年人。

生活化学实验强调实施过程的结构化系统设计。"结构决定性质"是化学学科的基本思想。生活化学实验的实施也一样强调课程结构。只有结构化设计的课程,才能产生理想的实施效果。生活化学实验的结构化系统设计是指从实验内容、实验器材、实验时间、实验场地、实验人员等几个方面做通盘考虑,进行统筹安排。系统设计的生活化学实验不但能取得较高的育人效率,获得较好的教学效果,而且能将实验中的安全风险降到最低。校本课程或者科学社团是开展生活化学实验的较好形式。

二、生活化学实验与微型实验

微型实验兴起于 20 世纪 80 年代。其产生背景是发达国家对环境保护的重视,加强对实验室三废排放的监控,要求对废弃化学品进行分门别类处理。各高校花在三废处理上的费用激增,成为化学系的沉重负担。于是,微型实验应运而生。它能以尽可能少的化学试剂来获得尽可能多的实验信息,既满足教学需要,又达到化学实验的绿色化环保要求。

全国微型实验研究中心主任周宁怀教授认为,微型实验不是常规实验的简单减量或缩小,而是在绿色化学理念与实施素质教育主导下的化学实验创新变革。绿色化学强调化学品使用的 5R 原则:减量(reduce)、重复使用(reuse)、循环回收(recycle)、再生使用(regenerate)、拒用危害品(reject)。微型实验不但要遵循 5R 原则,兼顾实验现象明显,而且还要考虑降低成本,易于操作,便于推广等因素。

我国在基础教育阶段引进微型化学实验,最初的着眼点是为了解决学生实验动手率低的问题。戴安邦先生在 97 岁高龄并身患重病时,还为"微型化学实验"题词,他说:要大力推行微型化学实验,使全国中学的化学教学皆有学生的单人实验作业,以加强化学教学的素质教育作用。使学生在化学实验的作业中,不仅学到第一手的化学知识和动手技术,更受到科学方法和思维的训练,还得到科学精神和品德的培养。

生活化学实验与微型实验的基本理念相一致。着眼于绿色环保,提高学生实验动手率,并强调实验的安全性。但是,生活化学实验与微型实验又合而不同。

首先,从字面上来看,"微型实验"以试剂用量和实验器材的微型化为显性特征。通过减小实验规模实现绿色环保,增加实验安全性的目的。"生活化学实验"强调实验所用试剂和器材取材于生活,对于用量多少以及实验器材的大小不予关注。通过原材料与器材自身的安全性以达到绿色环保、操作安全的实验要求。

其次,两者产生的背景有差异。微型实验的产生背景主要是国家对实验室三废排放的监控。生活化学实验的产生背景既有国家对实验室三废排放的监控,也有国家对易制毒、易制爆类化学试剂的严格管控。在此背景下,即使中学化学实验中最常用的化学试剂,比如浓盐酸、高锰酸钾、氯酸钾、白磷、硝酸盐等都受到严格管理,在购买和使用过程中存在诸多不便。而生活化学实验所用原料来源于日常生活,通常在超市、药店等处即可购买,使用起来十分方便。有利于提高化学实验的开出率,提高学生的化学实验动手率。

最后,从教学理念来看,生活化学实验向公众传达"化学在身边"的学科理念。近年来我国发生了多起化工厂和高校化学化工实验室的爆炸事故,以及有毒食品添加剂等丑闻,在公众中产生了恶劣影响,使公众对化学产生过度恐惧感,对化学科学的社会价值产生怀疑。在很多省份的高考方案中,化学学科地位急剧下降,甚至被边缘化。化学科学和化学学科处于危机中。生活化学实验通过展示生活中的化学实验,纠正公众错误的化学观,树立实用科学的化学价值观。

微型实验与生活化学实验可以结合起来,采用微型实验仪器做生活化学实验,既能满足化学实验的绿色环保、安全性好、成功率高、易于操作、便于推广等要求,也能让每个学生都动手做实验,充分发挥化学实验在人才培养中的积极作用。

第 2 节　生活化学实验的历史考量

化学科学的发展起源于各种生活实验。在古代和中古时代,人类开始制造陶器、瓷器、玻璃、金属、酿酒、染料、火药等生产和生活工具,这时化学科学开始萌芽。后来,化学科学以炼金术和炼丹术的原始形式出现,又从医药学中脱胎出来。在化学科学从萌芽到独立为一门科学的漫长历程中,化学实验的研究对象和实验原料多为生活中的常见物质,比如空气、氧气、二氧化碳、水、硫磺、汞等。其中,具有里程碑意义的事件是"元素"概念的提出和氧气的发现。这些重要概念和原理的提出都与生活化学实验分不开。篇幅所限,本节只介绍与此事件有关的化学家波义耳、舍勒、普利斯特里和拉瓦锡所做过的生活化学实验。

一、波义耳及其生活化学实验

17—18世纪,学校里的化学教育很不规范,大多数化学家都是自学成才。通过阅读化学书籍、照着书本做实验来掌握化学知识与实验技巧。富有的家庭通过雇佣家庭教师让孩子接受教育。波义耳(Robert Boyle)就是这样成长起来的。他于1627年出生在英国一个贵族家庭,经常参加姐姐家里的著名科学家集会。波义耳在瑞典和意大利进行访学和深造时,接触到世界第一流的化学家,看到他们都有自己独立的私人实验室。在实验室中,自己可以决定做任何科学实验,对此他十分羡慕。当他父亲不幸去世,他将继承的豪华住宅改造成化学实验室。

波义耳的实验多以生活中的常见物质为研究对象或实验原料,比如空气、石蕊地衣、盐类物质、磷、硫磺、金、银、铜、汞等金属等,其中较为著名的科学实验有波义耳石蕊试纸、波义耳墨水、波义耳气体定律、金属焙烧实验、磷的发现等。

波义耳石蕊试纸的发现源自偶然失误。在一次实验中,波义耳不小心把酸液洒在了实验室的紫罗兰上,深紫色的紫罗兰变成了红色。如果是普通人可能就错过这一现象,但是作为科学家的波义耳,很敏感地捕捉到了这一现象,他认为这绝不是一次偶然事件。于是他用不同植物与酸碱反应,发现大部分花草遇酸或碱都能改变颜色,其中以石蕊地衣中提取的紫色浸液最明显。在酸性条件下,它变成红色,在碱性条件下,它变成蓝色。于是,波义耳用石蕊溶液把纸浸透,然后烤干,就制成了实验中常用的酸碱指示剂——石蕊试纸。还有一次,波义耳在用水制取五倍子浸液时得到一种黑色溶液,他发现这种溶液性质稳定,经久不褪色,于是就发明了黑墨水。

波义耳对化学科学的最大贡献在于1661年对"元素"概念的界定。从古代到中世纪,东、西方哲学家一直尝试着揭开世界万物的基本组成,相关学说有我国古人提出的金、木、水、火、土五元素说,古希腊哲学家亚里士多德提出的水、土、火、气四元素说,以及炼金术士提出的硫、汞和盐三元素说。波义耳批判性地分析了前人提出的各种学说,结合自己和前人多年以来的实验成果,对"元素①"概念做了以下界定:我所说的元素的意思和那些讲得最明白的化学家们说的要素的意思相同。是指某种原始的、简单的、没有杂质的物体。元素不能用任何其他物体造成,也不能彼此相互造成。元素是直接合成所谓完全混合物(化合物)的成分,也是完全混合物最终分解成的元素。与前人提出的三元素、四元素和五元素说相比,波义耳提出的"元素"概念以大量实验事实为证据。"元素"概念的提出使化学真正成为一门科学,为后人研究物质的组成指明了方向。恩格斯认为,是波义耳把化学确立为科学。波义耳始终坚信"空谈无济于事,实验决定一切",他十分鄙视那些不做实验的空谈者。他在化学科学上取得的成就与其坚定的科学实验信念与严谨求实的科学实验态度密不可分。

二、舍勒及其生活化学实验

火的发现和利用极大地推动了人类社会的发展与进步。化学萌芽期的各种生活实验均离不开火的使用。同时也引发了人们对燃烧现象的思考与研究。在这一研究中,氧气的制取与发现实验是关键。与此有关的化学家分别是舍勒、普利斯特里和拉瓦锡。

早期的化学家并非全是富家子弟。化学家舍勒(Carl Wilhelm Scheele)出生在瑞典的一个贫困家庭中。兄弟姊妹 11 人,他排行第七。舍勒从小就对制药有了兴趣,14 岁在药店当了学徒。他在药店一边学习药学知识,一边做化学实验,并且博览群书。他记忆力非凡,只要有关化学的知识,他读一两遍就能记住。他说,"化学这种尊贵的学问,是我一生的目标。"他主要通过阅读化学著作自学化学知识,同时自己摸索着做实验。经过 10 年时间的磨砺,他具备了从事近代化学研究的能力。舍勒干了一辈子药剂师工作,做了大量化学实验,对近代化学的确立做了很多奠基性工作。他发现的化学物质之多,在当时是史无前例的。1773 年,舍勒通过多种方法制取并收集了氧气,包括加热硝酸盐、加热氧化汞、加热黑锰矿与浓硫酸或浓砷酸的混合物等,但是他受燃素学说的错误指导,将发现的氧气命名为"火

① 波义耳提出的"元素"概念其实指的是"单质"。在英文里,"元素"和"单质"都对应于一个英文单词"element"。

气(Fire Air)"。

三、普利斯特里及其生活化学实验

与舍勒同时发现氧气的另一位化学家是普利斯特里（Joseph Priestley）。他于 1733 年生于英国。6 岁时母亲去世，由姑母抚养。长大后成为一名牧师。在业余时间里，他用微薄的工资，购买了各种实验仪器，在自己的宿舍里做各种化学实验。他从隔壁的酿酒厂中收集酿酒的废气，独立进行研究，发现了二氧化碳气体（当时二氧化碳气体被称为"固定空气"）。普利斯特里发现，这种气体一旦溶于水，饮用后可以清神解暑。其实，这就是我们所熟知的汽水。

1774 年 8 月，普利斯特里用聚光镜照射水银灰（HgO），意外地发现一种气体。他将带火的木条放入气体中，木条燃烧得更旺。他将一只老鼠放入气体，"发现它们过得非常舒服后，我自己也受好奇心驱使，亲自加以实验（闻气）……身心一直觉得十分轻松舒畅。"原来，普利斯特里发现的这种气体是氧气，并证明氧气帮助呼吸。但他跟舍勒一样，受到燃素学说的错误影响，将发现的氧气命名为"脱燃素空气"。

四、拉瓦锡及其生活化学实验

舍勒和普利斯特里都分别通过实验制取出了氧气，但是他们在错误的燃素学说指导下，没能正确认识氧气。他们的失误为拉瓦锡（Antoine Laurent Lavoisier）推翻燃素学说，提出燃烧学说做了铺垫。1743 年，拉瓦锡生于一个富有的律师家庭。受家庭影响，他最早学习的专业是法律。1763 年法律专业毕业，并取得律师从业证书。后来拉瓦锡转行从事地质学研究，之后又转行为化学。拉瓦锡早期法律专业的学习经历使其具有较强的质疑、批判、求证等品质，这些品质在他的化学研究中发挥了重要作用。

在当时，燃素学说已经统治化学 100 多年，虽然越来越多的化学实验结果难以用燃素学说加以解释，但绝大部分科学家仍然对该学说深信不疑。但是拉瓦锡却不一样，他一直怀疑燃素学说的正确性。1772 年，他看到达尔塞撰写的一篇研究报告，"在高温下烧得炽热的金刚石会消失得无影无踪"。这一实验结果使他深受启发。于是就做了另一个实验：把金刚石用调成糊状的石墨厚厚地包上一层，再把这些乌黑的圆球放在烈火中烧得通红，几小时后剥去石墨外衣，里面的金刚石竟然完好无损！拉瓦锡将此实验结果与达尔塞的研究报告中描述的金刚石在高温下消失的实验现象加以对照,认为"金刚石的失踪看起来与空气有关。莫非它与空气发生作用了?"这种想法与燃素学说截然相反。为了进一步验证,他又做了白磷燃烧、锡铅煅烧实验。这些实验的反应物中都有氧气。但在当时,氧气尚未被人们正确认识。拉瓦锡将其命名为"有用空气"。1774 年 10 月,普利斯特里到巴黎访问,拉瓦锡会见了他。普利斯特里告诉拉瓦锡,加热氧化汞时,可得到"脱燃素空气",这种气体使蜡烛燃烧得更明亮,还能帮助呼吸。拉瓦锡敏锐地意识到,普利斯特里说的"脱燃素空气"可能就是他所认识的"有用空气"。为了进一步验证自己的想法,他重复了普利斯特里的实验,加热分解氧化汞,得到了相同结果。他又用制得的气体重新和汞作用,结果又生成了氧化汞。这时真相大白了。拉瓦锡认为,物质燃烧的过程,就是它与这种气体相化合的过程,并且这种气体是一种元素。1777 年,他把这种气体命名为"氧气"。同年 9 月 5 号,拉瓦锡向巴黎科学院提交了具有划时代意义的论文《燃烧概论》,建立了燃烧的氧化学说,彻底推翻了燃素学说。在化学史上树立了一座丰碑。回顾拉瓦锡提出燃烧学说的过程不难发现,他所做实验的主要原料大多来源于生活,尤其是看不见摸不着的氧气。

第 3 节　生活化学实验的教育追问

美国著名教育家奥苏贝尔(David Pawl Ausubel)曾说,"如果我不得不把教育心理学的所有内容简约成一条原理的话,我会说影响学习的最重要的因素是学生已经知道的内容。弄清了这一点以后,进行相应的教学"。我国伟大的人民教育家陶行知先生用更加精炼的语言表达了同样的含义:"接知如接枝"。在我国现行初中物理、生物、化学等理科课程标准中,都明确要求"重视学生的生活经验""更加关注学生已有的生活经验""注意从学生已有的生活经验出发,让他们在熟悉的生活情景中感受化学的重要性,了解化学与日常生活的密切关系,逐步学会分析和解决与化学有关的一些简单的实际问题"。可见,教育不能脱离学生的生活实际,科学教育尤其要植根于生活经验。从这一意义上说,生活化学实验在学生已知的生活世界和未知的科学世界之间架起一座桥梁,有助于培养青少年的科学兴趣,引领青少年走上更加科学的生活。

生活化学实验是生活教育理论在化学教育中的具体实践。陶行知先生是我国一位具有世界眼光、世界知识、世界胸怀的杰出的教育家。他的一生为普及人民大众教育,为中华民族的解放和民主斗争事业鞠躬尽瘁,做出了不可磨灭的贡献。陶行知先生对生活教育理论做了全面而深刻的阐述。生活教育理论由"生活即教育""社会即学校""教学做合一"三大原理组成,这一理论是陶行知对生活教育运动的经验总结,是他创造性地吸取古今中外教育思想的精华,批判传统教育与西方教育中存在的弊端所取得的杰出成果。

　　美国进步主义教育运动的代表人物杜威(John Dewey)曾尖锐地指出传统教育的顽疾是"学校的重心在儿童之外,在教室,在教科书以及你所高兴的任何地方,唯独不在儿童自己即时的本能和活动之中"。他提出了"教育即生活""教育即经验""学校即社会""做中学"等著名的教育命题。1915年,陶行知留学哥伦比亚大学,师承杜威。留学回国后,他看到国内学校里先生只管教,学生只管受教的情形,就认定有改革之必要,即着手进行改革,先后提出了改"教授法"为"教学法""教学合一""学做合一""教学做合一"等主张。"教学做合一"作为明确的概念是在1925年正式提出的,1926年在《中国师范教育建设论》中做了系统叙述,1927年将它作为晓庄师范的校训,进行试验,逐步形成了"教学做合一"的理论体系。该理论最显著的特征是它的实践性,强调教学要以"做"为中心;教学做要以"事"为中心。

　　陶行知对"做"高度重视,他认为理解"做"的含义是正确理解"教学做合一"的前提,他说:"我们必须明白'做'是什么,才能明白'教学做合一'。"那么"做"是什么呢? 他认为"做"是在劳力上劳心。因此,"'做'含有下列三种特征:(一) 行动;(二) 思想;(三) 新价值之产生"。同时,明确指出:盲目行动不是做,胡思乱想也不是做,只有手到心到才是真正地做。反复强调"真正之做只是在劳力上劳心,用心以制力"。他甚至把"做"作为有无教学和教育真假的划分标准:"不做无学,不做无教;不能引导人做之教育是假教育……"。"教学做合一"特别重视"做"即"实践"。它体现了"实践、认识、再实践、再认识"的辩证唯物主义路线,具有现代教学方法论的特点。

　　陶行知经历了 8 年试验,他针对"教学做合一"和"教育即生活"的理论是什么关系时,回顾说,"在山穷水尽的时候才悟到'教学做合一'的道理。所以'教学做合一'是实行'教育即生活'碰到墙壁把头碰痛时所找出来的新路。'教育即生活'的理论,至此乃翻了半个筋斗。实行'教学做合一'

的地方,再也不说'教育即生活'"。他不认为学校是社会的缩影。他伸张到大自然大社会里去活动。他要我们在生活里各尽所能,各取所需。没有"教育即生活"理论在前,决产生不出"教学做合一"的理论。但到了"教学做合一"的理论形成的时候,整个的教育便根本地变了一个方向,这新方向便是"生活即教育"。这一改,是教育思想的飞跃,教育观念的质变,使脱离实践、脱离学生的教育回归生活世界,贴近实际、贴近学生。

"生活即教育"是陶行知生活教育的核心内容,它不但直接鲜明地回答了生活与教育的关系是什么这一教育理论与实践中的核心问题,而且还基于它与"社会即学校""教学做合一"两个命题的关系。"社会即学校"是"生活即教育"的场所拓展;"教学做合一"是生活教育理论的方法论,是针对传统教授法和杜威的"做中学"的教学法而提出来的符合中国国情的生活教育行之有效的方法论,是对传统教育的根本改革。因此,"生活即教育""社会即学校""教学做合一"是统一整体,共同构成了陶行知生活教育思想的基本内核。

陶行知生活教育理论是对杜威进步主义教育思想的传承,也是基于中国教育实际的理论创新。生活教育理论的"生活即教育""社会即学校""教学做合一"三大命题为生活化学实验提供了理论依据,指明了发展方向和实施路径。

第 4 节 生活化学实验的学科价值

一、培养青少年的科学兴趣

(一) 时代背景

2020 年初爆发的新冠疫情使我国工厂停工、商场关门、学校停课、小区封闭、武汉封城,街上万人空巷。我国政府举全国之力与病毒打了一场前所未有的人民战争。中国之外也不太平。与此同时发生的还有美国的乙型流感、东非和南亚的蝗灾、澳洲的森林大火、菲律宾的火山爆发。同时还应警惕其他潜在的环境、能源、资源、粮食、网络等全球性危机。自然界对人类发起的挑战愈发频繁,人类面临的全球性危机也日益严峻。科技人才是应对挑战、化解危机的关键力量,人类对科技人才的需要从未如此迫切。

另一方面,世界范围内新一轮科技革命和产业变革正加速进行,综合国力竞争愈加激烈。STEM(科学、技术、工程、数学)教育在促进科技创新和提高国家竞争力中具有基础性和先导性作用。美国、澳大利亚、欧洲等国家和地区都高度重视STEM教育。在政府大力推动下,"各地对STEM的重视就像爆米花一样,蓬勃快速成长"。为了在未来全球创新生态系统中占据战略制高点,我国也加紧加快培养新兴工程科技人才。教育部自2017年以来,先后出台"新工科"建设、"强基计划"等政策,印发《义务教育小学科学课程标准》,倡导跨学科学习方式,建议小学科学教师在教学实践中开展STEM教育。中国教育科学研究院STEM教育研究中心发布《中国STEM教育白皮书》(精华版),启动"中国STEM教育2029创新行动计划",力图打造覆盖全国的STEM教育示范基地。为什么定在2029年?因为2049年是新中国成立百年,人才培养需要提前启动。从现在行动起来,到2029年的时候,可让中国涌现出更多的具有国际竞争力的STEM方面的创新人才。STEM教育应该是终身教育,贯通小学到大学的各个学段。如果低端没有做好兴趣培养和技能储备,那么在高端开设的课程就会缺乏知识和技能基础。在高等教育阶段,国家层面正推进"新工科"建设,在高考环节,有"强基计划",那么,基础教育阶段该做些什么与之衔接? 无疑,注重培养中小学生的科学兴趣是一项重要工作。

(二) 青少年科学兴趣下降现象

大量研究表明,从小学到中学,青少年的科学兴趣呈现下降趋势。青少年科学兴趣下降的原因既有与自身成长有关的生理因素,也有与学校教育和家庭教育有关的人为因素。从小学到中学,青少年在身体和心理上发生巨大变化,生活圈在扩大,交往的人际关系越来越复杂。这些变化使他们的兴趣点逐渐由自然现象转移到人类社会。这是不可避免的自然规律。小学生的好奇心很重,也很容易满足,任何一个未曾见过的科学现象都会满足他们的好奇心,产生兴趣。随着生活阅历的丰富,视野的开阔,能够满足他们好奇心的科学现象越来越少,科学兴趣就会逐渐下降。

(三) 生活化学实验是培养青少年科学兴趣的有效途径

杜威是20世纪世界上影响最大的教育家,现代教育的"兴趣说"也由他引领。杜威认为,从英文词源上说,兴趣(interest)这个词含有"居间的事物"或者"在两者之间"的意思。从"居间性"这一视角,杜威认为兴趣是客观对象与心智状态的枢纽。真正的兴趣是自我通过行动与某一对象或观念融为一体的伴随物。外部环境是否有趣味,要看这个环境与个人目的的关系如何。这样,环境中各个事物是否有趣味,不再是固定不变的,而是因人、因境而异。另外,这些事物的趣味程度,与行动者的目的密切相关,不再是孤立存在的。

个体-对象作用理论(person-object theory)认为,个体是行动者,行动总是指向某个对象,兴趣描述了人与行为对象之间的相互作用关系。从这个角度来看,影响兴趣形成的因素应来自个体及周围环境。学生的周围环境主要由学校和家庭构成,因此,学校和家庭是影响科学兴趣形成的外在因素。杜威认为,学生要在动手操作中学习科学,而非通过告知或者阅读的方式来学习。他提出的"做中学"思想就是"从活动中学""从真实体验中学",将所学知识与生活实践联系起来,实现知行合一。在科学课堂上,教师应鼓励学生进行科学探究。先前背景知识是影响学习兴趣的最重要的因素。教学中如果能以不同的方式,激起学生对某一问题或主题的经验与体验,将有助于形成稳定持久的兴趣。针对兴趣培养的教学策略是让学习内容与学生的学习目的、学习动机和价值观联系起来,使学生看到学习内容的实际意义。除了课堂教学以外,学校组织的课外活动也是影响科学兴趣的重要因素,某些情况下,课外活动的影响力甚至大于课堂教学。在科学兴趣培养中,不能忽视课外科学活动。家庭因素方面,与父母一起参加的科学活动、与科学有关的娱乐活动对科学兴趣的形成有重要影响。一项针对科学相关专业大学教授职业选择的研究显示,中、小学科学教师对其影响很小,而父母或亲戚以及课外科学活动的影响则很大。

生活化学实验能将学校科学教育与家庭科学教育有机整合,为青少年提供丰富资源,增加科学资本,是培养科学兴趣的有效路径。它既可以被科学教师用于课堂教学,作为科学知识的情景素材,发挥先行组织者的教学功能,也可以作为课外社团或校本课程开设,拓宽学生的知识面,还可以让家长参与实验指导,发挥家长在青少年科学兴趣形成中的影响力。

二、改善化学实验教学现状

生活化学实验的学科价值不仅体现在对青少年科学兴趣的培养,它还是我国化学实验教学困境的一条突围路径。化学学科的独特魅力在于化学实验。化学实验承载着知识、技能、方法、情感、观念与思想等重要内容。化学实验可以为化学概念和原理的学习提供感性材料；为教学方式和学习方式的转变创设真实情境；训练动手操作技能和科学研究方法；培养学习兴趣、观察能力、思维能力、团队意识与合作能力、创新精神与实践能力；养成严谨求实的科学态度；形成科学合理的价值观念。

化学实验的教育价值被广大教师充分认同。初、高中化学教材中也设置了丰富多彩的实验内容和实验栏目。但是，在实际教学中，化学实验教学存在诸多问题。采用"黑板＋粉笔"讲实验画实验、采用"多媒体＋视频/照片"播放实验的教学行为十分常见，"能做就做，不能做就不做""不想做就算了""讲讲就可以了""关键是知识点""考试的地方写下来让学生背住"，具有这些错误观念的教师为数不少，从而造成学生听实验、背实验的错误学习方式。初、高中化学实验的类型主要有演示实验、探究实验、家庭小实验、学生分组实验等。在实际教学中，只有演示实验开展得最多，且以教师演示为主。化学实验中，学生普遍缺乏参与机会。难得的几次学生实验也多为"照方抓药"式的程序化操作，很难真正引发思考，激发兴趣。化学实验教学达不到应有效果，学生的实验能力和实验素质难以有效提高。

化学实验教学现状的形成原因较为复杂，涉及方方面面，既有客观条件因素，也有主观人为因素。客观条件因素包括中考、高考的考试压力；教学班额过大；化学课时少；实验室硬件设施不能满足教学需要；教材中某些化学实验耗时费力，成功率不高，现象不明显；实验所需的化学试剂被严格管控，获取不方便；主观人为因素包括相关领导对实验教学的误解和不重视；实验员配置不到位；化学教师的教育教学观念落后，实验素养不高等。面对上述困难，广大教师多年来一直在呼吁，要发挥考试的正面引导作用，强化实验教学的考核力度；加强化学教师和实验人员的实验培训；教材编写中规定学生必做实验；改进教材中教学效果不佳的化学实验；开展以化学实验为主题的教学研究活动和比赛活动；开发生活化学实验等。

开展生活化学实验是改变化学实验教学现状的可行路径。《普通高中化学课程标准（2017 年版）》指出，科学探究活动应紧密结合具体的化学知识的教学来进行，例如"实验探究维生素 C 的还原性"，使化学知识的学习、科学探究能力的形成与化学学科核心素养的发展有机结合起来。化学教材应精心设计学生必做实验，适当增加微型实验、家庭小实验、定量实验和创新实践活动等。围绕生命健康相关问题，以食物成分的检测等为载体开展综合实验项目。以日常生活中的化学问题为线索,让学生在生活现象解释或生活问题解决活动中学习相关的化学知识和生活知识,形成科学的生活观念和生活态度;设计相应的生活实践类活动,促进学生从科学的生活观念向健康的生活方式转化,实现"知、情、意、行"的统一。生活化学实验的原料取材于生活,原料性质安全、购买方便。生活化学实验所需的经费、人力、空间等基本条件很容易达到,每个学生都可参与实验,动手做实验。生活化学实验植根于学生的直接经验,在实验过程中,学生真正成为学习主体,他们的学习需要得到满足,学习动机和学习兴趣得到提升。因此,生活化学实验是实现化学实验的教育价值、展现化学学科魅力的重要方法和课程资源。

第2章 生活化学实验设计的原理与方法

第1节 科学理性与科学经验

理性与经验的关系问题是近代认识论最重要的议题之一。理性主义和经验主义这两大理论阵营的分歧和争论影响到人类知识领域的各个方面。生活化学实验的设计与创新也不例外,既有基于理性主义的原理推导方法,也有基于经验主义的经验实证方法,还有将理性主义与经验主义结合起来的综合方法。

理性主义和经验主义有着古老的历史起源,在古代和中世纪都能找到其倾向和表现。在漫长的发展过程中,它们既相互对立、相互斗争,又相互影响、相互渗透。在近代哲学中具有举足轻重的地位,并对德国古典哲学、马克思主义哲学和现代西方哲学产生了深远的影响。

一、古代经验主义与理性主义

在古代,科学技术很不发达,但也诞生了很多朴素的科学教育思想,中世纪以来的科学教育思想都能从古代找到根源。我国古代的墨子具有经验主义思想,古希腊的柏拉图(Plato)具有理性主义思想。

(一)经验主义

墨子是我国先秦诸子中比较系统地研究人的认识过程的哲学家。他认为认识的形成经历了四步:① 知,材也。即人们对客观事物的认识有赖于经验材料。② 虑,求也。即必须通过进一步思考才能构成求知的动机。③ 知,接也。即人们只有通过前后联系,才能获得知识。④ 智,明也。即只有通过详明的检验,才能证实认识的正确与否。根据认识的来源,他把经验知识分为三种:亲知、闻知和说知。亲知是亲身经历的直接经验,闻知是听来的间接经验,说知是推想出来的知识。他特别重视亲知,认为直接经验比间接经验更重要更可靠。

(二) 理性主义

理念论是柏拉图哲学的本体论。他认为理念是唯一存在的事实,是事物存在的原因。理念是客观的,是不依赖于人的主观意识而存在的实体。他的认识论认为,知识就是对理念的认识,知识的对象不是我们的感官所接触到的具体事物,而是理念本身。只有认识到理念才是真正的知识,才是真理,感觉世界只是理念的影子。在论证理念时,涉及了概念、判断、推理的逻辑问题,并运用了归纳、演绎和反证等逻辑技巧。

二、中世纪以来的经验论与理性论

在中世纪,宗教神学极端排斥科学。当时占有绝对统治地位的古典教育体系根本没有科学教育的丝毫席位。但是科学革命却相继发生。从哥白尼到开普勒实现了近代天文学革命,从波义耳到拉瓦锡实现了近代化学革命,从伽利略到牛顿实现了近代力学革命,从维萨留斯到哈维实现了近代人体生理学革命。各个科学领域都发生了翻天覆地的变化,并以越来越快的速度发展起来。科学革命突破了宗教神学的束缚,使人们看到了科学的重要价值,萌发了科学教育思想,为科学教育走进学校课堂打开了沉重的大门。这一时期具有影响的科学教育思想主要是以弗兰西斯·培根(Francis Bacon)和以约翰·洛克(John Locke)为代表的经验论以及以勒内·笛卡尔(René Descartes)为代表的理性论。

(一) 经验论

培根被称为“近代科学教育之父”。他认为,感觉是一切知识的源泉。要获得知识就要面对自然,面对事实,以经验观察为依据。在培根晚年撰写的《新大西岛》一书中,他构想了所罗门之宫,里面拥有进行科学研究所需要的各种仪器和设备,还有学术交流和学术奖励制度。为了推进科学教育,培根主张应该做好四件事:① 建立图书馆;② 建立生物园;③ 建立自然博物馆;④ 建立实验室。

洛克是唯物主义经验论集大成者。他把文艺复兴和科学革命中形成的有价值的思想系统化,通过自然科学的发展,冲破神学禁锢,形成了"心灵白板"说。他认为,不存在作为知识源泉和基础的天赋观念,人生之初,心灵犹如一块白板,没有任何标记,只有后得的经验才能在这块白板上写上观念的文字。人们的认识是在主观感觉与感觉对象的相互作用中产生的。

从培根到洛克,科学研究中的分析方法、归纳方法逐渐形成。从此,西方学者把分析和归纳作为科学研究的主导方法。这些方法与数学方法、实验方法结合起来,构成了近代科学的基本手段。

(二) 理性论

笛卡尔的科学研究领域极其广泛,在数学、哲学、物理学、化学、生物学、天文学、气象学等领域都有杰出贡献,特别是他创立的解析几何,成为后来牛顿、莱布尼兹建立微积分大厦的重要基础。解析几何的创立也为物理学研究提供了一个新的很有效的数学工具。

笛卡尔并不排斥经验在认识中的作用。不过他认为,单纯经验可能错误,不能作为真理标准。我们已有的观念和论断很多是极其可疑的。为了追求真理,必须对一切都尽可能地怀疑。这种怀疑不同于否定一切知识的不可知论,而是以怀疑为手段,达到去伪存真的目的。怀疑是一种理性活动,"理性"是人生来就具有的判断和辨别是非真伪的能力。理性是世间分配得最均匀的东西,人人都有一份,不多不少。"我怀疑"就是"我思想",也就是"我思故我在",这是笛卡尔全部哲学的第一原理。数学是理性能够清楚明白理解的,所以数学的方法可以用来作为求得真理的方法。因而在科学方法论上,与培根提倡的分析归纳法不同,笛卡尔提倡数学演绎方法。

理性主义与经验主义对于生活化学实验设计均有指导作用。基于理性主义的设计方法是从实验原理切入,采用演绎法,推导出相应的实验步骤与实验现象。这种设计方法由于从源头上找到了实验关键,因此具有较高的成功率和研究效率。化学史上,舍勒和普利斯特里虽然分别在拉瓦锡之前制取出了氧气,但由于他们受燃素学说这一理论的错误影响,没能正确揭示氧气的真相。而拉瓦锡当时正在构建燃烧学说,这一理论指引他正确地认识氧气,并给氧气命名,从而永载史册。可见,理论对于实验现象的解释是何等重要。生活化学实验设计的原理知识主要来自无机化学、有机化学、分析化学、物理化学等学科,具体内容详见本章第 2 节。

基于经验主义的设计方法是根据已有生活经验或实验事实,提出研究假设,再通过实验法对研究假设进行验证,从而得出研究结论。研究结论正确与否还需要接受后续检验。最简单的经验主义设计方法是试误法。即根据经验,凭着感觉,通过多次尝试得到实验结果。试误法具有极大的偶然性和不确定性。比经验法更好的实验设计方法是正交试验法。这种方法能用有限次数的实验获得相对全面而科学的研究结果,具体内容详见本章第3节。

第 2 节　生活化学实验设计的化学原理

生活化学实验设计的基本原理来源于无机化学、有机化学、分析化学、物理化学等知识。由于篇幅所限,本节仅呈现与本书第 3 章、第 4 章实验有关的较难的实验原理。较为简单的实验原理分散在各实验中加以讲解。

(一) 蓝瓶子实验与碘时钟实验

蓝瓶子实验和碘时钟实验同为历史悠久的趣味表演实验,两个实验的现象都是在无色和蓝色之间变换,因此这两个实验很容易被混为一谈。我国高中化学教材收录了蓝瓶子实验,将其用于探究浓度、温度等条件对化学反应速率的影响。但是,碘时钟实验在我国中学化学中尚未受到应有关注。本节对蓝瓶子实验和碘时钟实验做深入探讨,比较和辨析两个实验的区别与联系。

1. 蓝瓶子实验概述

蓝瓶子实验的现象是无色溶液摇晃后变蓝,静置后自动褪为无色。"摇晃变蓝⇌静置褪色"的操作和现象可以周而复始,循环多次。很多学者误以为蓝瓶子实验的设计者是坎普贝尔(Campbell)教授。其实,坎普贝尔教授是最早在美国《化学教育》杂志上发表文章,论述如何将蓝瓶子实验用于化学动力学问题的教学。作者坦言,1954 年他在美国威斯康星大学看到过蓝瓶子实验表演,但该实验出自加州理工学院。因此,最早设计出蓝瓶子实验配方的学者究竟是谁已无从考证。1960 年,杜通(Dutton)在美国《化学教育》杂志上发表了蓝瓶子实验的经典方案:在 500 mL 烧瓶中加入 300 mL 水,溶解 8 g KOH,冷却后再溶解 10 g 葡萄糖,加入几滴亚甲基蓝溶液。该方案成为后人对蓝瓶子实验加以改进和创新的基础,下文称此方案为经典蓝瓶子实验方案,简称经典方案。

坎普贝尔教授的论文一经发表,就在化学科学界和化学教育界引起轩然大波。自1963年至今,围绕蓝瓶子实验的反应机理、创新设计、教学应用等问题的探讨成为经久不衰的研究主题,且常谈常新。美国《化学教育》杂志至今还在发表蓝瓶子实验的相关论文。

蓝瓶子实验的反应体系有很多种类型,反应机理被研究得最清楚的是葡萄糖体系。1963年,坎普贝尔在其论文中提出了葡萄糖体系蓝瓶子实验的反应机理。后续几十年的机理研究都是在此基础上的进一步细化,各种复杂的反应机理简化后与坎普贝尔教授提出的机理基本一致,如下所示:

1. $G + OH^- \rightleftharpoons G^- + H_2O$　　　快反应
2. $A(g) \longrightarrow A(aq)$　　　快反应
3. $A(aq) + X \longrightarrow B$　　　快反应
4. $B + G^- \longrightarrow X + 产物$　　　慢反应

净反应:$G + A(g) + OH^- \longrightarrow 产物 + H_2O$

上述机理中的符号及其意义为:G:葡萄糖;A(g):空气中的氧气;A(aq):溶液中的氧气;X:还原态亚甲基蓝,又称亚甲基白,无色。后人还用MBH表示还原态亚甲基蓝;B:氧化态亚甲基蓝,又称亚甲基蓝,蓝色。后人还用MB^+表示氧化态亚甲基蓝。

上述机理中,第1、2步没有实验现象,第3步的实验现象是溶液由无色变为蓝色。这三步的反应机理是振荡使空气中的氧气进入溶液,无色亚甲基白被氧化成蓝色亚甲基蓝。前3步都是快反应,振荡后溶液很快变蓝。第4步中,亚甲基蓝被还原成亚甲基白。对应的实验过程是静置,溶液中的蓝色逐渐褪去。第4步是慢反应,这一步中溶液褪色速率较慢。在净反应中,显色物质亚甲基蓝并未出现。

蓝瓶子实验的反应速率对于葡萄糖和亚甲基蓝来说是一级反应,对于氧气来说是零级反应,这是学界一致认可的结论。对于氢氧根离子来说,绝大部分学者认为是一级反应,但仍然存在少数争议。因此,提高葡萄糖浓度、氢氧根浓度和亚甲基蓝浓度,可以提高反应速率,加快褪色。

亚甲基蓝在蓝瓶子实验中的作用不仅是氧化还原指示剂和显色试剂,它还是催化剂。反应机理显示,在多次循环的蓝瓶子实验中,亚甲基蓝/亚甲基白首先作为反应物出现,在下一步反应中又作为产物出现,反应后没有被消耗。蓝瓶子实验中真正被消耗的反应物是空气中的氧气和葡萄糖。反应本质是氧气将葡萄糖氧化。振荡溶液是为了补充氧气。当溶液中的葡萄糖不断被消耗,蓝瓶子实验中的褪色时间逐渐变长。大约 1 小时左右,溶液开始变黄。几小时之后,溶液变为深红棕色。

2012 年,安德森(L. Anderson)等学者发现,葡萄糖结构的烯醇化是蓝瓶子实验的关键一步,而烯醇化需要碱性条件。这一发现解释了为什么葡萄糖体系的蓝瓶子实验只能在碱性条件下才能发生。

2. 碘时钟实验概述

(1) 时钟实验的经典方案

碘时钟实验的现象是两种无色溶液混合后无任何现象,静置片刻,溶液突然变为蓝色。变色速度很快,变蓝后的溶液不会自动褪为无色。第一个碘时钟实验于 1886 年由瑞士化学家兰多尔特(Hans Heinrich Landolt)演示,史称"兰多尔特碘时钟"。自 1886 年第一个碘时钟实验诞生以来,至今已有百余年历史,碘时钟实验也衍生出了多种方案。从反应体系的组成来看,经典碘时钟实验主要有六种类型,分别是兰多尔特碘时钟(Landolt clock reaction)、古纳羧碘时钟(Old Nassau clock reaction)、维生素 C 碘时钟(Vitamin C clock reaction)、氯酸盐碘时钟(chlorate-iodine clock reaction)、福尔马林时钟(formaldehyde clock reaction)、钼蓝时钟(molybdenum blue clock reaction)。前四种反应体系中含有碘元素,学界称这类实验为碘时钟实验。后两种时钟实验的反应体系中不含碘元素,本书称其为非碘时钟实验。六种经典时钟实验方案汇总于表 2-2-1。

表 2-2-1　经典时钟实验反应体系

反应体系名称	反应物	实验现象检测方法	实验现象
兰多尔特	碘酸盐、亚硫酸氢盐、浓硫酸	淀粉	无色→蓝色
古纳羧	碘酸盐、亚硫酸氢盐、氯化汞	淀粉	黄色→黑色
维生素 C	维生素 C、双氧水、碘酊	淀粉	无色→蓝色
	橙汁、双氧水、碘酊	淀粉	橙色→黑色
氯酸盐	氯酸钠、高氯酸、新制亚硝酸钠、再度升华过的碘单质和电导水	分光光度计	吸光度陡然下降

(续表)

反应体系名称	反应物	实验现象检测方法	实验现象
福尔马林	福尔马林、亚硫酸氢钠、亚硫酸钠、酸碱指示剂	酚酞	无色→红色
	乙二醛、焦亚硫酸钠、酚红、EDTA	酚红	黄色→红色
钼蓝	乙酰丙酮钼、99％环己醇、30％双氧水	无	黄色→蓝色

① 兰多尔特碘时钟实验

1886 年,瑞士化学家兰多尔特(Landolt)演示了第一个时钟实验——兰多尔特碘时钟,实验用到的化学试剂是碘酸盐、亚硫酸氢盐和淀粉指示剂。实验现象是溶液由无色变为深蓝色。按照以下方案进行实验,可以重现当年的实验现象。

首先配制三种溶液。溶液 A:0.9 g KIO_3 固体配成 500 mL 溶液;溶液 B:0.45 g $NaHSO_3$ 固体配成 500 mL 溶液;溶液 C:5 g 可溶性淀粉倒入 25 mL 冷水,搅拌成悬浊液,注入 300 mL 沸水中,冷却后慢慢倒入 12.5 mL 浓 H_2SO_4,最后稀释成 500 mL 溶液。

演示时,取一个大烧杯,依次注入 200 mL 蒸馏水,50 mL 溶液 A,50 mL 溶液 C,搅拌均匀,再倒入 50 mL 溶液 B,无须搅拌,等待几秒钟即可看到无色溶液突变为深蓝色。

② 古纳羧碘时钟实验

1977 年,普林斯顿大学的艾里亚(Alyea)提出了古纳羧碘时钟(Old Nassau clockreaction)实验。该实验名称源自其颜色变化由橙色突变为黑色,这两种颜色正是普林斯顿大学校徽的主色调。普林斯顿大学校园内最具有象征意义的建筑物是古纳羧大楼(the Nassau Hall)。因此,该实验以古纳羧大楼命名。古纳羧碘时钟的实验方案是:

首先配制三种溶液。溶液 A:将 15 g KIO_3 固体配成 1 L 溶液;溶液 B:将 15 g $NaHSO_3$ 固体和 3 g 淀粉粉末配成 1 L 溶液;溶液 C:将 3 g $HgCl_2$ 配成 1 L 溶液。

演示时,先将溶液 A 和溶液 B 等体积混合,溶液立刻变为黑色。将溶液稀释,依次加入等体积的溶液 C、B、A。溶液先为橙色,然后变为黑色。

稀释或者加入更多的溶液 C,会使反应变慢。

③ 维生素 C 碘时钟

2002 年,史蒂芬(Stephen)从生活实验的理念出发,对兰多尔特碘时钟实验进行改进,设计了维生素 C 碘时钟。该实验用到的试剂包括维生素 C、2% 碘酊、3% 双氧水、淀粉。关于维生素 C 的来源,史蒂芬分别试验了试剂级的纯品维生素 C、药片维生素 C 和橙汁。纯品和药片维生素 C 的实验现象是无色变为蓝色,橙汁则由橙色变为黑色。变色前的等待时间最短的为15 秒,最长的为 95 秒,大部分实验的等待时间在半分钟以上。

④ 氯酸盐碘时钟

2005 年,奥里弗拉(Oliveira)和费瑞尔(Faria)在研究氯酸盐-碘体系的反应动力学问题时偶然发现了氯酸盐碘时钟现象。2007 年,盖拉达(Galajda)等指出,该反应需要在紫外线光照条件下才能发生。2013 年,桑特安娜(Sant' Anna)等指出,用臭氧替代紫外线光照条件也可使氯酸盐碘时钟反应发生,演示时依次加入水、氯酸钠、碘单质、高氯酸和臭氧。2014 年,费瑞尔所在的研究团队进一步发现,新制的亚硝酸可以替代臭氧,即采用氯酸钠、高氯酸、亚硝酸钠、再度升华过的碘单质和电导水。其中,高氯酸和亚硝酸钠混合产生亚硝酸。该反应要在 25℃ 下进行,盛装反应体系的试管要放在恒温水浴中。与其他碘时钟实验不同的是,氯酸盐碘时钟实验没有采用淀粉指示剂来显示实验现象,而是通过分光光度计检测出的物质浓度来显示突变现象。

⑤ 福尔马林时钟

该实验所用试剂是福尔马林溶液、亚硫酸氢钠溶液、亚硫酸钠溶液和酸碱指示剂(比如酚酞)。1929 年,卡尔·瓦格纳(Carl Wagner)提出了福尔马林时钟的反应机理。如下所示:

$$HCHO + HSO_3^- \Longrightarrow CH_2OHSO_3^- \tag{1}$$

$$H_2O + HCHO + SO_3^{2-} \Longrightarrow CH_2OHSO_3^- + OH^- \tag{2}$$

$$OH^- + HSO_3^- \Longrightarrow SO_3^{2-} + H_2O \tag{3}$$

20 ℃ 时,第一步反应的速率常数是 $2.8\ L \cdot mol^{-1} \cdot s^{-1}$,第二步反应的速率常数是 $0.14\ L \cdot mol^{-1} \cdot s^{-1}$,第三步反应瞬间完成。在第三步中,亚硫酸氢根及时"扑灭"溶液中的氢氧根离子,溶液颜色不发生变化。当亚硫酸氢根消耗完毕时,第二步产生的氢氧根离子就使溶液 pH 发生突越,引起指示剂颜色发生突变，产生实验现象。

1990年，马尔·皮克林(Miles Pickering)对此实验加以改进，用乙二醛代替福尔马林，焦亚硫酸钠代替亚硫酸氢钠，指示剂改用酚红，另外增加了EDTA溶液防止溶液被空气氧化。溶液的颜色由黄色突变为红色。

福尔马林时钟实验有三个特点：首先，当各溶液的组成比例固定不变时，变色前的等待时间与稀释倍数呈线性关系。温度每升高10℃，等待时间减少一半。黄色和红色色差较大，便于采集反应的时间数据。因此，该实验非常适合于反应动力学问题的教学。其次，该实验为非碘时钟实验，物质间的反应比较简单，反应机理较为清楚，相关动力学数据也已被测出。而碘时钟实验由于涉及碘离子、碘单质、亚碘酸、碘酸根等多种价态物质，物质间的反应类型有氧化还原反应、歧化反应、反歧化反应、酸碱中和反应等，因此反应机理错综复杂，常常涉及十余个中间步骤，有的反应机理至今尚未达成共识。最后，该实验采用酸碱指示剂作为显色物质，而酸碱指示剂的种类很多，颜色也很丰富，选择余地较大，实验者可根据需要自行选择。

⑥ 钼蓝时钟

2013年，麻省理工学院的三位教授提出了钼蓝时钟实验。将乙酰丙酮钼，99%环己醇，30%双氧水混合，在85℃的恒温油浴中使反应发生。实验现象为明黄色突变成深蓝色。与其他时钟实验相比，该实验有三个特点：第一，以有机物作为主要反应物，而其他时钟反应都是由无机物组成的反应体系；第二，无须加入显色试剂。该实验的起始反应物是高价钼的化合物，呈明黄色，最终产物是低价钼的化合物，呈深蓝色。反应物和产物颜色鲜亮，反应物和生成物自身就是很好的显色试剂；第三，不含碘元素，属于非碘时钟。

在上述六种经典时钟实验方案基础上，根据反应机理，将方案中的一种或者多种物质替换成作用相同的其他试剂，就能得出新的时钟实验方案。因此，时钟实验的反应体系衍生出了很多种方案。

(2) 碘时钟实验的反应机理

碘时钟实验的反应机理十分复杂。简化的反应历程如下所示：

$$A + \cdots\cdots \rightarrow P + \qquad (1)\ 慢反应，决速步骤$$
$$P + B \rightarrow \cdots\cdots \qquad (2)\ 快反应，瞬间完成$$

净反应：$A + B \rightarrow$ 产物

A:碘酸钾;B:亚硫酸氢钠;P:单质碘

　　碘时钟实验发生的必要条件是 $c(A_0) > c(B_0)$。决速步骤中生成的单质碘在快反应中被物质 B 及时消耗,保持溶液中的 $c(I_2) \approx 0$。在净反应中,单质碘并未出现。当物质 B 反应完毕时,溶液中的 $c(I_2)$ 增大,与淀粉发生反应,出现蓝色。决速步骤快慢和 $n(B)$ 的大小决定了溶液变色前等待时间的长短。决速步骤越慢,$n(B)$ 越大,等待颜色突变的时间越长。

　　百余年来,基于碘时钟实验的基本原理,越来越多的创新方案被发现,并用于化学动力学问题的探究教学,比如 1997 年,泰根因斯(J. Teggins)和玛哈菲(C. Mahaffy)将双氧水、碘化钾和水按一定比例在洗气瓶中混合,经过两三分钟的停滞期,瓶内突然产生大量氧气,将水冲排出来。停滞期的长短表示了反应速率,因此该实验用于测量反应级数。再比如 2011 年,塞茨安吉(P. D. Sattsangi)采用碘化钾、双氧水、pH 为 4.75 的缓冲溶液、硫代硫酸钠和淀粉设计了碘时钟实验,将其用于反应级数、速率常数和反应活化能问题的探究教学。

　　3. 经典蓝瓶子实验与经典碘时钟实验的区别与联系

　　经典蓝瓶子实验与经典碘时钟实验既有区别又有联系(表 2-2-2)。两个实验的相似之处在于都是历史悠久的经典趣味实验,至今已有很多种改进方案。实验现象都与时间和变色有关,且颜色都为无色和蓝色。它们通常用于化学动力学问题的探讨,比如研究浓度、温度对反应速率的影响,测量速率常数和反应级数,推导速率方程和反应机理等。反应本质都是氧化还原反应,显色物质都不出现在净反应中。

表 2-2-2　蓝瓶子实验与碘时钟实验比较

	比较项目	蓝瓶子实验	碘时钟实验
不同点	显色物质	亚甲基蓝	碘单质＋淀粉
	蓝色深浅	湖蓝色或者宝蓝色	蓝墨色
	决速步骤	亚甲基蓝被还原	碘酸钾被还原
	反应速率指标	褪色时间	蓝色出现前的等待时间
	关键条件	溶液碱性越强,褪色越快	亚硫酸氢钠用量越少,等待期越短
	溶液变蓝的操作	摇晃(加入氧气)	静置

（续表）

比较项目		蓝瓶子实验	碘时钟实验
不同点	变蓝速度	较快	极快
	溶液褪色的操作	静置	加入还原剂
	经典实验体系	葡萄糖、氢氧化钠、亚甲基蓝	碘酸钾、亚硫酸氢钠、浓硫酸、淀粉
	最早实验	不详（1950 年之前）	1886 年
相同点	实验特点	与时间和变色有关的趣味实验；发展历史悠久；有多种改进方案	
	实验现象	颜色变化发生在无色和蓝色之间	
	反应本质	氧化还原反应	
	净反应	显色物质不出现在净反应中	
	教学应用	探究化学动力学问题	

　　经典蓝瓶子实验与经典碘时钟实验又各有不同。经典蓝瓶子实验的本质是碱性条件下葡萄糖被氧气氧化，经典碘时钟实验的本质是酸性条件下碘酸盐被亚硫酸氢盐还原。虽然实验现象都是无色和蓝色，但蓝瓶子实验的蓝色是宝蓝色或者湖蓝色，蓝色深浅取决于亚甲基蓝和碱的浓度。碘时钟实验的蓝色是蓝墨色，颜色发黑。两个实验的颜色差别源自显色物质不同。蓝瓶子实验的显色物质是亚甲基蓝，而碘时钟实验的显色物质是单质碘和淀粉。反应速率方面，蓝瓶子实验中较慢的过程是蓝色褪为无色，这时发生的反应是亚甲基蓝被还原成亚甲基白，溶液碱性越强，蓝色消退越快。振荡操作可使氧气进入溶液，将亚甲基白氧化成亚甲基蓝。这种周而复始的现象是蓝瓶子实验的趣味点。碘时钟实验中，从溶液混合到蓝墨色出现的过程中没有现象，需要等待，这时发生的反应是氧化还原反应，是慢反应阶段。还原剂用量越大，等待时间越长。当还原剂被完全氧化时，蓝墨色才会出现，且蓝墨色出现的速度极快，预期之外的等待和猝不及防的快速变色是碘时钟实验的魅力所在。碘时钟溶液变色后不能自动褪色，需要另外加入还原剂才能使其褪色。加入还原剂后，又会引发下一轮碘时钟现象。

　　从化学动力学问题的探究教学来看，蓝瓶子实验的应用范围和知名度远超过碘时钟实验。其实，碘时钟实验比蓝瓶子实验更适合于探究化学动力学问题。因为碘时钟实验在变色时的速度极快，通常在不到 1 秒钟的时间内完成颜色变化,更便于精准计时。而蓝瓶子实验中的蓝色消退是个渐变过程,快的只要几秒钟,慢的需要几分钟甚至更长时间,颜色终点很难准确判断,时间记录上存在很大误差。我国中学和大学化学教学中可以增加碘时钟实验,用于化学动力学问题的探究教学。

(二) 电极电势与能斯特方程

1. 电极电势

当金属放入溶液中时,金属中的金属离子在极性水分子的作用下,有离开金属表面进入溶液的趋势。同时,溶液中的金属离子受到金属表面电子的吸引,在金属表面有沉积的趋势。这两种趋势达成平衡后,在金属和溶液两相界面上形成了一个带相反电荷的双电层,使金属和溶液之间产生电势差。通常把产生在金属和金属离子溶液之间的双电层间的电势差称为金属的电极电势,并以此描述电极得失电子能力的相对强弱。电极电势以符号 $E(M^{n+}/M)$ 表示,单位为 V(伏),M^{n+}/M 构成电极电对。电极电势的大小主要取决于电极的本性,并受温度、介质和离子浓度等因素的影响。

标准电极电势是标准态下的电极电势,符号为 $E^{\ominus}(M^{n+}/M)$。标准态要求电极处于标准压力(100 kPa 或 1 bar)下,组成电极的固体或液体物质都是纯净物质;气体物质的分压为 100 kPa;组成电对的有关离子(包括参与反应的介质)的浓度为 1 mol/L(严格的概念是活度)。1953 年国际纯粹化学与应用化学联合会(IUPAC)建议,采用标准氢电极作为标准电极,并人为地规定标准氢电极的电极电势为零。其他电对的标准电极电势值通过标准态下的该电极与标准氢电极构成原电池后测量而得。此外,饱和甘汞电极也常作为参比电极,用于测量其他待测电极的电极电势。

标准电极电势表将各种电极的标准电极电势数值按照由小到大或者由大到小的顺序排列,使用起来非常方便。其特点主要有:

(1) 一般采用电极反应的还原电势,每一电极的电极反应均写成还原反应形式,即:氧化型$+ne^-$══还原型。

(2) 每个电对 $E^{\ominus}$ 值的正、负号不随电极反应进行的方向而改变。

(3) $E^{\ominus}$ 值的大小可用于判断在标准态下电对中氧化型物质的氧化能力和还原型物质的还原能力的相对强弱,而与参与电极反应物质的数量无关。$E^{\ominus}$ 值越大,表示 M^{n+}/M 中 M^{n+} 的氧化性越强,M 的还原性越弱;反之,$E^{\ominus}$值为负,其绝对值越大,表示 M^{n+}/M 中 M^{n+} 的氧化性越弱,M 的还原性越强。因此,可以根据标准电极电势判断氧化剂和还原剂的强弱。

热力学上,当 $\Delta G^{\ominus}$ 为负值时表示该反应为热力学有利,$\Delta G^{\ominus}=-nFE^{\ominus}$,因此,当 $E^{\ominus}$ 为正值时,氧化还原反应是热力学有利的。$E^{\ominus}\geqslant 0.2\sim 0.4$ V 的氧化还原反应进行的程度已相当完全。

电池电动势等于正极(氧化剂电对)电极电势减去负极(还原剂电对)电极电势,即 $E=E_{+}-E_{-}$。$E>0$ 的氧化还原反应能够正向自发进行。

2. 能斯特方程

标准电极电势 $E^{\ominus}$ 值表示标准态时的电极电势。非标准态下的电极电势可用能斯特方程进行计算。同样,非标准态下的电池电动势也可以用能斯特方程进行计算。

(1) 非标准态下的电池电动势计算

对于任一电池反应:$a\text{A}+b\text{B}\longrightarrow c\text{C}+d\text{D}$

$$E=E^{\ominus}-(RT)/(nF)\ln(([\text{C}]^c\cdot[\text{D}]^d)/([\text{A}]^a\cdot[\text{B}]^b)) \qquad (1)$$

这个方程就是能斯特方程。当温度为 298 K 时,能斯特方程为:

$$E=E^{\ominus}-(0.059\,2/n)\lg(([\text{C}]^c\cdot[\text{D}]^d)/([\text{A}]^a\cdot[\text{B}]^b)) \qquad (2)$$

以 298 K 时 Cu - Zn 原电池反应的能斯特方程为例。该反应的化学方程式为:$\text{Zn}+\text{Cu}^{2+}\Longleftrightarrow\text{Zn}^{2+}+\text{Cu}$,该反应的能斯特方程为

$$E=E^{\ominus}-(0.059\,2/2)\lg([\text{Zn}^{2+}]/[\text{Cu}^{2+}])$$

由电池的能斯特方程可知,氧化剂浓度增大,或者还原剂浓度减小,电池的电动势增大。反之,氧化剂浓度减小,或者还原剂浓度增大,电池的电动势减小。

(2) 非标准态下的电极电势计算

电极的能斯特方程要根据半反应方程式书写。以 $\text{MnO}_4^-/\text{Mn}^{2+}$ 电对为例。该电对的半反应方程式为 $\text{MnO}_4^-+8\text{H}^++5\text{e}^-\Longleftrightarrow\text{Mn}^{2+}+4\text{H}_2\text{O}$,相应的能斯特方程式为:

$$E=E^{\ominus}-(0.059\,2/5)\lg\{[\text{Mn}^{2+}]/([\text{MnO}_4^-][\text{H}^+]^8)\}$$

由上述方程可知,$[\text{MnO}_4^-]$ 和 $[\text{H}^+]$ 越大,$[\text{Mn}^{2+}]$ 浓度越小,电极电势越大,电对中氧化型物质的氧化性越强,还原型物质的还原性越弱。反之,$[\text{MnO}_4^-]$ 和 $[\text{H}^+]$ 越小,$[\text{Mn}^{2+}]$ 浓度越大,电极电势越小,电对中氧化型物

质的氧化性越弱,还原型物质的还原性越强。[H$^+$]的指数项为 8,说明[H$^+$]对电极电势影响很大。因此,高锰酸钾溶液通常使用酸性溶液,以增强它的氧化性。

化学实验中,如果要增强氧化剂的氧化性,通常加入 H$^+$,或者使用酸性条件下的氧化剂。如果要增强还原剂的还原性,通常加入 OH$^-$,或者使用碱性条件下的还原剂。

(三) 缓冲溶液

当 1 个弱酸分子失去 1 个质子,就得到它的共轭碱,比如 HA 的共轭碱为 A$^-$,HA - A$^-$ 构成一对共轭酸碱对。以共轭酸碱对作为溶质的溶液,向溶液中加入少量 H$^+$,H$^+$ 与 A$^-$ 结合成 HA,减小了溶液的 pH 变化。向溶液中加入少量 OH$^-$,OH$^-$ 与 HA 结合成 A$^-$,也同样减小了溶液的 pH 变化。因此,由弱酸及其盐、弱碱及其盐组成的混合溶液,能在一定程度上抵消外加强酸或强碱对溶液酸碱度的影响,从而保持溶液的 pH 相对稳定。这样的溶液被称为缓冲溶液。

常见的缓冲体系有:

① 弱酸及其盐(例如 HAc - NaAc)

② 弱碱及其盐(例如 NH$_3$ · H$_2$O - NH$_4$Cl)

③ 多元弱酸的酸式盐及其对应的次级盐(例如 NaH$_2$PO$_4$ - Na$_2$HPO$_4$)。

缓冲溶液中 H$^+$ 浓度的计算公式为:$c(H_3O^+) = K_a^{\ominus}(HA) \times \dfrac{c(HA)}{c(A^+)}$

由该公式可知,缓冲溶液的 pH 与弱酸的电离平衡常数 $K_a^{\ominus}$ 及盐和酸的浓度有关。弱酸和盐浓度相等时,溶液的 pH 与 p$K_a^{\ominus}$ 相同。调节弱酸和盐的比例可以得到所需 pH。弱酸和盐浓度相等时,缓冲溶液的缓冲能力最高,比例相差越大,缓冲能力越低,缓冲液的有效缓冲范围为 pH $=$ p$K_a^{\ominus}$ ± 1,pOH $=$ p$K_b^{\ominus}$ ± 1。

(四) 酸碱指示剂

酸碱指示剂一般是有机弱酸或弱碱,它们的共轭酸碱对具有不同结构,因而呈现不同颜色。HIn $\rightleftharpoons$ H$^+$ + In$^-$。当酸碱指示剂被滴入酸性溶液时,指示剂得到质子,由碱式转变为共轭酸式,指示剂显酸式结构的颜色。当酸碱指示剂被滴入碱性溶液时,指示剂失去质子,由酸式转变为共轭碱

式,指示剂显碱式结构的颜色。常用的酸碱指示剂及其变色范围如表 2-2-3 所示:

表 2-2-3　常用酸碱指示剂及变色范围

指示剂	变色范围 pH	颜色变化 酸式—碱式	pK_{HIn}
百里酚蓝	1.2~2.8	红—黄	1.7
甲基橙	3.1~4.4	红—黄	3.4
甲基红	4.4~6.2	红—黄	5.0
溴百里酚蓝	6.2~7.6	黄—蓝	7.3
酚酞	8.0~10.0	无—红	9.1

紫甘蓝是一种常见蔬菜,营养价值极高。紫甘蓝的叶表皮细胞中含有大量花青素。花青素是天然色素,为极性化合物,易溶于水、乙醇、甲醇等极性化合物,不溶于氯仿、正己烷、乙醚等非极性有机溶剂。紫甘蓝中的花青素安全、无毒、色泽鲜明,颜色随 pH 改变而有鲜明的变化。因此,紫甘蓝可以作为酸碱指示剂来使用。它在不同 pH 环境中的显色情况如表 2-2-4 所示:

表 2-2-4　紫甘蓝色素在不同 pH 环境中的显色情况

pH	4	5	6	7	8	9	10	11	12
颜色	桃红	玫红	紫红	紫罗兰	蓝	绿	黄	黄	黄

(五)氧化还原指示剂

氧化还原指示剂可分为三类。第一类指示剂以高锰酸钾为代表。它本身有足够深的颜色,在滴定过程中,本身颜色消退,这样其本身就可作为指示剂,称为自身指示剂。第二类指示剂以可溶性淀粉为代表。它本身不具有氧化还原性,但能与碘反应,生成蓝紫色的化合物,当碘被还原为碘离子时,颜色消失。第三类指示剂通过与氧化性物质或还原性物结合而产生特殊的颜色,称为显色指示剂。第三类指示剂有氧化态和还原态两种结构,并且氧化态的颜色不同于还原态的颜色。第三类指示剂以亚甲基蓝为代表。氧化态的亚甲基蓝为蓝色,还原态为无色。标准态下,亚甲基蓝氧化态与还原态电对的电极电势为0.36 V.当溶液的电极电势大于 0.36 V 时,亚甲基蓝显蓝色。小于 0.36 V 时,亚甲基蓝为无色。

第 3 节　生活化学实验设计的经验方法

当实验原理不明或者较为复杂时,很难从源头上推导出科学的实验方案,这时就需要采用经验法。在获得多组实验数据之后,通过严格的数据分析,得出较为科学的研究结论。

(一) 正交试验法

正交试验法是一种以尽量少的试验,获得足够的、有效的信息的实验设计方法。该方法利用正交表来安排实验。正交表的构造有均衡搭配的特点,利用它能够选出代表性强的少数实验来求得最优或较优的实验条件。根据实验影响因素及其水平的不同,正交表的类型有很多。本节以 4 因素 3 水平正交表—$L_9(3^4)$(表 2-3-1)为例,解释正交表的使用方法。符号中"L"表示正交表,"4"表示有 4 个影响因素,"3"表示每个影响因素有 3 个水平,"9"表示要做 9 次平行实验。

表 2-3-1　$L_9(3^4)$ 4 因素 3 水平正交试验表

实验号	列号				实验评分
	A	B	C	D	
1	1	1	1	1	X1
2	1	2	2	2	X2
3	1	3	3	3	X3
4	2	1	2	3	X4
5	2	2	3	1	X5
6	2	3	1	2	X6
7	3	1	3	2	X7
8	3	2	1	3	X8
9	3	3	2	1	X9

表 2-3-1 中,"实验号"表示实验次数,"列号"中的"A""B""C""D"表示影响因素,每列影响因素中的数字表示该影响因素的水平,"实验评分"表示每次实验结果的好坏。做实验时,按照 $L_9(3^4)$ 正交表所示的 4 个因素及其

3 个水平所代表的实验条件安排 9 次实验,并对每次实验结果的好坏进行打分,将分数记录在"实验评分"列,获得 9 次实验的分数后,就可以进行数据处理,如表 2-3-2 所示。

表 2-3-2　$L_9(3^4)$ 4 因素 3 水平正交试验数据分析

实验号	列号				实验评分
	A	B	C	D	
I_j					
II_j					
III_j					
R_j					

表 2-3-2 中,I_j 为每列水平 1 的实验评分总和,例如 A 因素列中,A1 水平的 $I_j=X1+X2+X3$,同理,A2 水平的 $II_j=X4+X5+X6$,A3 水平的 $III_j=X7+X8+X9$。比较 I_j、II_j、III_j 的相对大小,最大值为最佳实验条件。R_j 为极值差,即 I_j、II_j、III_j 中最大值与最小值的差值。R_j 用于判断 A、B、C、D 四个因素对实验结果影响程度的大小。R_j 越大,该因素对实验结果的影响越大,或者说该因素是更重要的实验条件。

正交试验法的具体操作详见本书实验 3.6.1《灰化法海带提碘实验》和第 4 章第 5 节《肥皂泡》。

(二) 误差与可疑值的判断

化学实验中,误差是不可避免的。误差分为系统误差与偶然误差。系统误差是由某种特定原因引起的,比如实验方法选择不当、未经校准的仪器或试剂、实验者的习惯操作等。系统误差以固定的方向和大小出现,具有重复性,可用加校正值的方法予以消除,但不能用增加平行次数的方法减小系统误差。偶然误差是由偶然因素引起的。偶然误差的大小和正负都不固定,因此不能通过校正值来减少偶然误差。但是在多次测量中,偶然误差的出现服从统计学规律,即大偶然误差出现的概率小,小偶然误差出现的概率大;绝对值相同的正、负偶然误差出现的概率大体相等。因此,可以通过增加平行测定次数,减免测量结果中的偶然误差;也可以通过统计方法估计出偶然误差,并在结果中正确表达。

消除测量中系统误差的方法主要有校准仪器、做对照试验、做空白试验。称取质量和量取体积时,增大样本量可减小测量误差。配制稀溶液时,可以先配制浓度较大的溶液,再通过稀释法得到所需浓度的溶液。测量时,增加平行测定次数,可以减少测量结果的偶然误差。

在有限次测量数据中,经常会遇到一组数据中有个别值过高或过低,这些值称为可疑值。针对这些值,不可随意舍弃或保留。应根据统计检验的方法加以判断。判断可疑值的方法主要有 Q 检验法和 Grubbs 法。Q 检验法较为简单,一般适用于测量次数不超过 10 的情况。检验步骤为:① 将所有数据排序后算出极差($X_{最大}-X_{最小}$);② 算出可疑值与紧邻值之差的绝对值($|X_{可疑}-X_{紧邻}|$);③ 用公式 $Q=|X_{可疑}-X_{紧邻}|/(X_{最大}-X_{最小})$ 算出 Q 值;④ 查 Q 的临界值表(表 2-3-3)。若 $Q_{计算}>Q_{表}$,则把该可疑值舍弃;否则,应予保留。

表 2-3-3　Q 临界值表

测量次数 ＼ 置信水平 Q值	90%	95%	99%
3	0.941	0.970	0.994
4	0.765	0.829	0.926
5	0.642	0.710	0.821
6	0.560	0.625	0.740
7	0.507	0.568	0.680
8	0.468	0.526	0.634
9	0.437	0.493	0.598
10	0.412	0.466	0.568

数据来源:孙毓庆等编.分析化学(第二版).北京:科学出版社,2006:30

Grubbs 法判断的准确度更高。该方法首先将一组实验数据按照由小到大的顺序排列,找出最小值 x_1 和最大值 x_n。然后算出这组数据的平均值 $\bar{x}$ 及标准差 s。根据公式(1)计算最小值 x_1 的 $G_{计算}$ 值,若 $G_{计算}$ 小于临界值 $G_{表}$,则 x_1 不是可疑值,反之为可疑值,弃之不用。同理,根据公式(2)计算最大值 x_n 的 $G_{计算}$ 值,若 $G_{计算}$ 小于临界值 $G_{表}$,则 x_n 不是可疑值。

$$公式1 \quad G_{计算} = \frac{\bar{x} - x_1}{s}$$

$$公式2 \quad G_{计算} = \frac{x_n - \bar{x}}{s}$$

表 2-3-4 G 检验临界值表

测量次数 ＼ G 值　　　置信水平	90％	95％	99％
3	1.15	1.15	1.15
4	1.46	1.48	1.50
5	1.67	1.71	1.76
6	1.82	1.89	1.97
7	1.94	2.02	2.14
8	2.03	2.13	2.27
9	2.11	2.21	2.39
10	2.18	2.29	2.48

数据来源:孙毓庆等编. 分析化学(第二版). 北京:科学出版社,2006:30

严格的实验数据处理还需要用到很多数理统计方法,这些方法在大学分析化学教材中都有讲解,本节不再赘述。

第3章 生活化学实验内容设计

第1节 以颗粒状管道通 疏通剂为原料的实验

实验演示

实验 3.1.1 叶脉书签

叶片外表包围一层表皮细胞,表皮里面是叶肉组织,贯穿在叶肉组织间的是叶脉。叶脉在叶片中构成各种形状以支撑叶片。叶肉在碱液中容易腐烂降解。叶脉由坚韧的纤维素构成,在碱液中不易煮烂。将叶片放入强碱溶液中加热,叶肉被腐蚀后,剩下网状叶脉,晾干后变得坚硬,可做书签用。

一、实验简介

【主要实验原料】

桂花树叶或者石楠树叶、食用纯碱粉末、颗粒状管道通疏通剂。

【主要实验器材】

药匙、烧杯、表面皿、玻璃棒、酒精灯、电子秤、火柴、石棉网、三脚架、镊子、托盘、牙刷、医用手套、护目镜、口罩。

【实验步骤与实验现象】

1. 配制溶液:在电子秤上放一个小烧杯,然后将电子秤调零。用药匙加入不含金属的颗粒状管道通疏通剂4 g。再加入3 g食用纯碱粉末。另取一个烧杯,加水至100 mL刻度。用药匙将称量好的管道通颗粒和食用纯碱粉末分四次转移至100 mL水中,边加边搅拌,至固体全部溶解在水中。

2. 熬煮叶片:将 2~4 片桂花树叶放入配好的溶液中,盖上表面皿,用酒精灯加热煮沸约 30 min 以上。当烧杯里的溶液变成深绿色,叶片发黄煮烂时,将叶片取出,放在托盘中。在这一步骤中,沸腾的碱液有可能会飞溅出来。因此一定要带上护目镜、医用手套和口罩进行操作。

3. 刷洗叶脉书签:将叶片浸没在少量水中,戴上胶皮手套,用牙刷轻轻刷掉叶片两面已经烂掉的叶肉,留下叶脉。将刷好的叶脉用清水冲洗干净,夹在两张吸水纸之间,吸干水分,压平,晾干。待叶脉书签变干以后,用指甲油进行美化。

【实验说明】

本实验要用到具有腐蚀性的颗粒状管道通疏通剂,并且有加热操作,因此具有一定危险性。实验时一定要做好保护措施,佩戴护目镜、医用手套和口罩进行操作。熬煮叶片时烧杯上一定要盖有表面皿,以防碱液飞溅。整个操作要十分小心,防止打翻装置。本实验不宜向初三年级以下学生演示。

二、实验设计解析

叶脉书签的制作原理是利用碱的腐蚀性将叶肉煮烂。碱性越强,腐蚀性越强。叶脉书签制作中所用溶液的碱性强弱是一个关键条件。碱性太弱,叶肉久煮不烂。碱性太强,叶脉会被煮烂。为此,叶脉书签的制作要对碱的类型有所选择。

生活中的常用碱主要是食用小苏打、食用纯碱和颗粒状管道通疏通剂。食用小苏打的主要成分是碳酸氢钠,食用纯碱的主要成分是碳酸钠,颗粒状管道通疏通剂的主要成分是氢氧化钠。它们的碱性强弱可根据以下计算进行估算。

(一) NaOH 溶液的 pH

NaOH 是一元强碱,溶液的 pH 可根据公式:$pH = 14 + \lg c(NaOH)$ 直接计算而得,计算结果如表 3-1-1 所示:(20 ℃ 时 NaOH 的溶解度为 111 g/100 g H_2O)

表 3-1-1　不同浓度 NaOH 溶液的 pH

$c(NaOH)$ /(mol·L^{-1})	饱和溶液	1.0	$1.0×10^{-1}$	$1.0×10^{-2}$	$1.0×10^{-3}$	$1.0×10^{-4}$	$1.0×10^{-5}$	$1.0×10^{-6}$
pH	15.44	14.00	13.00	12.00	11.00	10.00	9.00	8.00

注:饱和 NaOH 溶液的 pH(15.44)已经超过常见 pH 范围。

(二) Na_2CO_3 溶液的 pH

Na_2CO_3 是二元弱碱,其 $K_{b_1}^{\ominus}=1.8×10^{-4}$,$K_{b_2}^{\ominus}=2.4×10^{-8}$。根据分析化学的计算规则,当满足条件 $c/K_{b_1}^{\ominus}≥105$,$cK_{b_1}^{\ominus}≥10K_w$,且 $2K_{b_2}/[H^+]≪1$ 时,即当 $c≥0.020$ mol·L^{-1} 时,在计算过程中可忽略第二步水解,近似将 Na_2CO_3 看作一元弱碱,用最简式 $[OH^-]=\sqrt{c(Na_2CO_3)K_{b_1}^{\ominus}}$ 进行计算。20 ℃ 时 Na_2CO_3 的溶解度为 21.5 g/100 g H_2O,由此算得饱和 Na_2CO_3 溶液的浓度 $c(Na_2CO_3)=2.0$ mol·L^{-1},根据最简式算得 $[OH^-]=\sqrt{2.0×1.8×10^{-4}}=1.9×10^{-2}$,pH$=14+lg[OH^-]=12.28$。

当 $c(Na_2CO_3)=1.0$ mol·L^{-1} 时,$[OH^-]=\sqrt{1.0×1.8×10^{-1}}=1.3×10^{-2}$;

$$pH=14+lg[OH^-]=12.13$$

当 $c(Na_2CO_3)=0.10$ mol·L^{-1}时,$[OH^-]=4.2×10^{-3}$;

$$pH=14+lg[OH^-]=11.63$$

当 $5.6×10^{-10}<c(Na_2CO_3)<0.020$ mol·L^{-1} 时,满足条件 $cK_{b_1}^{\ominus}≥10K_w$,但不满足条件 $c/K_{b_1}^{\ominus}≥105$,此时可用近似式:$[OH^-]=\dfrac{-K_{b_1}^{\ominus}+\sqrt{K_{b_1}^{\ominus2}+4c·K_{b_1}^{\ominus}}}{2}$ 来计算。

当 $c(Na_2CO_3)=1.0×10^{-2}$ mol·L^{-1}时,

$$[OH^-]=\frac{-1.8×10^{-4}+\sqrt{(1.8×10^{-4})^2+4×1.0×10^{-2}×1.8×10^{-1}}}{2}$$

$$=1.3×10^{-3}$$

$$pH=14+lg[OH^-]=11.10$$

同理,计算可得:

当 $c(Na_2CO_3)=1.0\times10^{-3}$ mol·L^{-1} 时，pH=10.54

当 $c(Na_2CO_3)=1.0\times10^{-4}$ mol·L^{-1} 时，pH=9.85

当 $c(Na_2CO_3)=1.0\times10^{-5}$ mol·L^{-1} 时，pH=8.98

当 $c(Na_2CO_3)=1.0\times10^{-6}$ mol·L^{-1} 时，pH=8.00

综上，不同浓度 Na_2CO_3 溶液的 pH 如表 3-1-2 所示：

表 3-1-2　不同浓度 Na_2CO_3 溶液的 pH

$c(Na_2CO_3)$ /(mol·L^{-1})	饱和溶液	1.0	1.0×10^{-1}	1.0×10^{-2}	1.0×10^{-3}	1.0×10^{-4}	1.0×10^{-5}	1.0×10^{-6}
pH	12.28	12.13	11.63	11.10	10.54	9.85	8.98	8.00

（三）NaHCO$_3$ 溶液的 pH

$NaHCO_3$ 溶液 pH 的计算属于两性物质的计算类型，使用最简式计算的条件是 $c/K_{a_1}^{\ominus}\geqslant10$，$cK_{a_2}^{\ominus}\geqslant10K_w^{\ominus}$。查表知 $K_{a_1}^{\ominus}=4.2\times10^{-7}$，$K_{a_2}^{\ominus}=5.6\times10^{-11}$，则满足最简式计算条件的浓度范围为 $c>1.8\times10^{-3}$。计算公式为 $[H^+]=\sqrt{K_{a_1}^{\ominus}K_{a_2}^{\ominus}}$。由此公式可知，当 $c>1.8\times10^{-3}$ 时，$NaHCO_3$ 溶液的 pH 与浓度无关。

当 $c(NaHCO_3)=1.0$ mol·L^{-1}，$c(NaHCO_3)=1.0\times10^{-1}$ mol·L^{-1}，$c(NaHCO_3)=1.0\times10^{-2}$ mol·L^{-1} 时，

$$[H^+]=\sqrt{K_{a_1}^{\ominus}K_{a_2}^{\ominus}}=\sqrt{4.2\times10^{-7}\times5.6\times10^{-11}}=4.8\times10^{-9}$$

$$pH=-lg[H^+]=8.31$$

当 $c=1.0\times10^{-3}$ mol·L^{-1} 时，$c<1.8\times10^{-3}$ 时，不满足最简式的计算条件，要用以下公式进行计算：

$$[H^+]=\sqrt{\frac{K_{a_1}^{\ominus}(K_{a_2}^{\ominus}\cdot c+K_w^{\ominus})}{K_{a_1}+c}}$$

$$=\sqrt{\frac{4.2\times10^{-7}(5.6\times10^{-11}\times1.0\times10^{-3}+10^{-14})}{4.2\times10^{-7}+1.0\times10^{-3}}}$$

$$=5.3\times10^{-9}$$

$$pH=8.28$$

同理，计算可得：

$$c(\text{NaHCO}_3)=1.0\times10^{-4}\ \text{mol}\cdot\text{L}^{-1}, \text{pH}=8.04$$

$$c(\text{NaHCO}_3)=1.0\times10^{-5}\ \text{mol}\cdot\text{L}^{-1}, \text{pH}=7.64$$

$$c(\text{NaHCO}_3)=1.0\times10^{-6}\ \text{mol}\cdot\text{L}^{-1}, \text{pH}=7.26$$

综上,不同浓度 NaHCO$_3$ 溶液的 pH 如表 3-1-3 所示:

表 3-1-3　不同浓度 NaHCO$_3$ 溶液的 pH

$c(\text{Na}_2\text{CO}_3)$/mol·L^{-1}	饱和溶液	1.0	1.0×10^{-1}	1.0×10^{-2}	1.0×10^{-3}	1.0×10^{-4}	1.0×10^{-5}	1.0×10^{-6}
pH	8.31	8.31	8.31	8.31	8.28	8.04	7.64	7.26

综上可见,在 $c>1.0\times10^{-5}$ 的常见浓度范围内,NaOH 溶液的 pH 范围最大,在 15.44～9.00 之间。Na$_2$CO$_3$ 溶液的 pH 范围次之,在 12.28～8.98 之间。NaHCO$_3$ 溶液的 pH 范围最小,在 8.31～7.64 之间。氢氧化钠和碳酸钠的混合溶液碱性适中,适合作为叶脉书签实验中的碱性溶液。

实验 3.1.2　肥皂制作

植物油和动物脂肪是生活中的常见食物,它们统称为油脂。植物油是液态油脂,动物脂肪是固态油脂。在工业上,油脂还是生产肥皂的重要原料。根据实验原理,我们可以利用生活中的原料制做肥皂。

一、实验简介

【主要实验原料】

颗粒状管道通疏通剂、花生油、高度白酒、家用电子秤、食盐、酸碱指示剂。

【主要实验器材】

酒精灯、三脚架、泥三角、蒸发皿、玻璃棒、烧杯、量筒、塑料滴管、火柴、标签、医用手套、护目镜、口罩。

【实验步骤与实验现象】

1. 配制管道通溶液:向小烧杯中加水至刻度 100 mL。用另一个干燥的小烧杯称取 20 g 管道通颗粒,剔除其中的金属颗粒物。用药匙将称好的 20 g 管道通颗粒分三次加入装有 100 mL 水的小烧杯中。边加边搅拌,得到管道通溶液。贴上写有"管道通溶液"字样的标签。

2. 准备塑料滴管：准备 3 只 10 mL 塑料滴管。每只塑料滴管贴一张标签，标签上分别写上"管道通""花生油""白酒"字样。

3. 加热熬煮：向蒸发皿中加入 9 mL 管道通溶液、5 mL 花生油和 8 mL 高度白酒。用酒精灯给蒸发皿中的混合物加热，不断搅拌。在这一步骤中，沸腾的碱液有可能会飞溅出来。因此一定要戴上护目镜、医用手套和口罩进行操作。

4. 检查皂化程度：取出几滴试样放入试管，加入 5 mL 蒸馏水，加热，振荡试管。如果试样完全溶解，没有油滴分层，那么表明皂化反应完全。停止加热。冷却蒸发皿中的混合物至室温。

5. 析出肥皂：在小烧杯中称取 18 g 食盐固体，加水至 50 mL 刻度，充分搅拌。将食盐溶液倒入冷却的蒸发皿中，充分搅拌。取出蒸发皿中漂浮起来的固体，放在滤纸上吸干水分，压制成型。

6. 在肥皂上刻字画画，滴入酸碱指示剂，可出现颜色。

【实验说明】

1. 本实验要用到具有腐蚀性的颗粒状管道通疏通剂，并且有加热操作，因此具有一定危险性。实验时一定要做好保护措施，佩戴护目镜、医用手套和口罩进行操作。

2. 本实验所用花生油可用其他油脂替代。

3. 本实验没有严格控制管道通溶液的用量，且该物质具有腐蚀性。制得的肥皂产品中仍然含有未反应完全的管道通溶液，滴入酸碱指示剂之后能显示颜色。因此，本实验所制肥皂不宜当作日用品使用。

4. 本实验不宜向初三年级以下学生演示。

二、实验设计解析

油脂中的化学成分主要是高级脂肪酸与甘油形成的酯类化合物。在氢氧化钠溶液中，油脂可以水解，生成甘油和高级脂肪酸钠。高级脂肪酸钠是肥皂的主要成分。因此，通过油脂在碱性条件下的水解反应，可以制得肥皂。以硬脂酸甘油酯为例，皂化反应的化学方程式如下所示：

$$
\begin{array}{l}
C_{17}H_{35}COOCH_2 \\
| \\
C_{17}H_{35}COOCH \quad +3NaOH \xrightarrow{\triangle} \\
| \\
C_{17}H_{35}COOCH_2
\end{array}
\begin{array}{l}
HOCH_2 \\
| \\
HOCH \quad +3C_{17}H_{35}COONa \\
| \\
HOCH_2
\end{array}
$$

油脂不溶于水,也不溶于碱。一般要向反应混合物中加入酒精溶液,使油脂和氢氧化钠溶液形成均相混合物,使反应物分子之间充分接触,加快皂化反应速率。皂化反应完成以后,将混合物倒入饱和氯化钠溶液中,肥皂就会因为盐析作用浮到溶液表面,将它收集起来过滤,放入模具,可制得肥皂。

化学实验室中的皂化反应所需原料为油脂、食盐、酒精和氢氧化钠。其中,油脂和食盐在生活中很常见。酒精溶液可用二锅头等高度白酒替代,氢氧化钠可用颗粒状管道通疏通剂替代。

第 2 节　以纯碱为原料的实验

实验演示

实验 3.2.1　食用纯碱成分测定

食用纯碱的商品名称为食用碱、食品添加剂碳酸钠。它在日常生活中具有非常广泛的应用。将食用纯碱粉末配成溶液,可用于清洗餐具、厨具、陶瓷、玻璃等生活器皿,还可发酵面点,使油炸食品膨松,浸泡蔬菜除去异味,浸泡干货使其胀发酥松等。这些功能源自食用纯碱的主要配料碳酸钠,某些品牌食用纯碱中还含有少量碳酸氢钠。本实验可鉴别食用纯碱中是否含有碳酸氢钠。

一、实验简介

【主要实验原料】

食用纯碱粉末、紫甘蓝、纯净水、白醋(总酸含量≥6.00 g/100 mL)。

【主要实验器材】

榨汁机、滴管、试管、药匙、电子秤、小烧杯、玻璃棒。

【实验步骤与实验现象】

1. 称取 20 g 食用纯碱粉末,分三次转移至盛有 100 mL 纯净水的烧杯中,搅拌使其充分溶解。将配好的食用纯碱溶液转移至贴有"食用纯碱溶液"标签的试剂瓶。取 30 滴纯碱溶液滴入试管。

2. 洗净紫甘蓝叶片,用榨汁机榨取汁液。向装有 30 滴纯碱溶液的试管中加入 5～6 滴紫甘蓝汁,此时溶液呈现深绿色。

3. 向试管中逐滴加入白醋,直到溶液突变成蓝色,记录所用滴数 V_1。

4. 继续滴加白醋，同时重新计数白醋滴数。当溶液突变成紫色略偏红色时，记录所用滴数 V_2。

比较 V_1 和 V_2 的大小，根据下表中的信息，判断所测食用纯碱的主要成分。

表 3-2-1　V_1 和 V_2 的大小与未知碱样的组成

V_1,V_2 的关系	$V_1<V_2,V_1\neq0$	$V_1=V_2$	$V_1=0,V_2\neq0$
碱的组成	Na_2CO_3、$NaHCO_3$	Na_2CO_3	$NaHCO_3$

根据表 3-2-1 中显示的 V_1 与 V_2 的用量，可以大致确定所测食用纯碱中的配料成分。试管中逐滴加入白醋，比较溶液颜色由深绿变成蓝色所用滴数 V_1 和由蓝色变为紫红色所用滴数 V_2，如果 $V_1<V_2$，$V_1\neq0$，那么食用纯碱的主要成分为 Na_2CO_3 和 $NaHCO_3$ 的混合物；如果 $V_1=V_2$，那么食用纯碱中无 $NaHCO_3$，只有 Na_2CO_3；如果 $V_1=0$，$V_2\neq0$，那么食用纯碱中无 Na_2CO_3，只有 $NaHCO_3$。

【实验说明】

1. 不能用自来水配制食用纯碱溶液，否则配得的溶液会浑浊。要用纯净水或者蒸馏水配制。超市售卖的含有"纯净水"字样的饮用水可用于纯碱溶液的配制。

2. 此实验若演示给初三年级以下儿童，应隐去商品名称的标识，以防其模仿，在家中任意混合液体。详见本书第 5 章第 3 节《教学原则》（安全性）。

二、实验设计解析

食用纯碱成分测定的化学原理是分析化学上的混合碱测定的双指示剂法。该方法的测定步骤为：首先称取未知碱试样（可能含有 NaOH、Na_2CO_3、$NaHCO_3$ 或它们的混合物）溶于水，配成溶液。先以酚酞为指示剂，用 HCl 标准液滴到溶液的浅红色褪去，达到第一个滴定终点。记下用去 HCl 溶液的体积 V_1。这时 Na_2CO_3 被滴到 $NaHCO_3$ 溶液，若纯碱中有 NaOH，则 NaOH 被完全中和。发生的化学反应是

$$Na_2CO_3+HCl=\!=\!=NaHCO_3+NaCl$$

$$NaOH+HCl=\!=\!=NaCl+H_2O$$

然后再加入甲基橙指示剂，用 HCl 标准液滴到溶液颜色由黄色变为橙

色,记下用去 HCl 溶液的体积 V_2。这时发生的化学反应为 $NaHCO_3 +$ $HCl \xrightarrow{} NaCl + H_2O + CO_2$。

根据 V_1 和 V_2 的大小关系,即可判断混合碱中所含碱的成分,如表 3-2-2 所示。

表 3-2-2　V_1 和 V_2 的大小与未知碱样的组成

V_1, V_2 的关系	$V_1 > V_2, V_2 \neq 0$	$V_1 < V_2, V_1 \neq 0$	$V_1 = V_2$	$V_1 \neq 0, V_2 = 0$	$V_1 = 0, V_2 \neq 0$
碱的组成	NaOH、 Na_2CO_3	Na_2CO_3、 $NaHCO_3$	Na_2CO_3	NaOH	$NaHCO_3$

上述双指示剂法中用到的酚酞、甲基橙和盐酸在日常生活中都不易得到。可用生活中的白醋代替盐酸,反应方程式为 $Na_2CO_3 + HAc \xrightarrow{}$ $NaHCO_3 + NaAc, NaHCO_3 + HAc \xrightarrow{} NaAc + H_2O + CO_2$。以上两步滴定终点的 pH 在 8 附近,而紫甘蓝汁在此 pH 范围颜色丰富,且变色灵敏,因此可以替代酚酞和甲基橙,作为一种双指示剂而使用。

实验 3.2.2　区分食用纯碱与食用小苏打

生活中纯碱的主要成分是 Na_2CO_3,小苏打的主要成分是 $NaHCO_3$。两种物质都是白色粉末,肉眼很难区分。绿茶是生活中的常见饮品,它含有独特成分,可以当作指示剂使用。利用绿茶汁可以有效区分食用纯碱和食用小苏打。

一、实验简介

【主要实验原料】
绿茶、食用纯碱粉末、食用小苏打粉末、纯净水。

【主要实验器材】
电水壶、烧杯、滴管、玻璃棒、药匙。

【实验步骤与实验现象】

1. 泡绿茶汁:与平时生活中的泡茶方法一样,在 100 mL 小烧杯中放入适量绿茶叶,加入煮沸的纯净水 50 mL 泡制至茶色出现。

2. 配制待测溶液:取一药匙食用纯碱粉末放入小烧杯,倒入适量纯净水,搅拌至纯碱粉末全部溶解。同样方法配制食用小苏打溶液。

3. 分别向食用纯碱溶液与食用小苏打溶液中滴加 20 滴绿茶汁,发现食用小苏打溶液的颜色很淡,接近绿茶直接用水稀释后的颜色,而食用纯碱溶液的颜色很深,相当于久置浓茶水的颜色,但比浓茶水更为清亮。

【实验说明】

1. 本实验中所用食用纯碱溶液和食用小苏打溶液的浓度无须准确配制,原因详见以下实验设计解析部分。有些地区的自来水中含有少量金属离子,用这样的自来水配制的纯碱溶液或小苏打溶液会产生沉淀,出现浑浊现象。因此,纯碱溶液或小苏打溶液一定要用纯净水或者蒸馏水配制。超市里售卖的含有"纯净水"字样的饮用水可用于纯碱溶液和小苏打溶液的配制。

2. 此实验若演示给初三年级以下儿童,应隐去商品名称的标识,以防其模仿,在家中任意混合液体。详见本书第 5 章第 3 节《教学原则》(安全性)。

二、实验设计解析

绿茶汁在 pH 为 8.1～8.2 时会变色。溶液 pH 小于 8.1 时为淡黄色或无色,溶液 pH 大于 8.2 为深黄色或黄褐色。不同品牌的绿茶汁变色范围略有差异。实验室中溶液的常见浓度范围是 0.01 mol/L 至饱和状态。由本书实验 3.1.1《叶脉书签》实验解析部分的计算可知,20 ℃时,常见浓度的 $NaHCO_3$ 溶液的 pH 约为 8.31,常见浓度的 Na_2CO_3 溶液的 pH 在 11.10～12.28。绿茶汁的 pH 变色范围是 8.1～8.2,考虑到不同品牌的绿茶在变色范围上会略有差异,因此,常见浓度的 $NaHCO_3$ 溶液恰好使绿茶汁显浅茶色。常见浓度的 Na_2CO_3 溶液使绿茶汁显深茶色。

为了检验上述显色原理,分别取蒸馏水、0.1 mol/L H_2SO_4、0.1 mol/L $NaHCO_3$、0.1 mol/L Na_2CO_3、0.1 mol/L NaOH 溶液各 30 mL,向每种溶液中滴加相同滴数的绿茶汁,发现蒸馏水、稀 H_2SO_4、$NaHCO_3$ 溶液颜色都很淡,相当于茶叶水稀释后的颜色。而 Na_2CO_3 溶液和 NaOH 溶液颜色与浓茶水相当,为黄褐色,稍亮。为了进一步确认绿茶汁在 Na_2CO_3 溶液与 $NaHCO_3$ 溶液中的不同现象,再分别向上述两个溶液中逐滴加入稀硫酸。发现浅茶色的 $NaHCO_3$ 溶液颜色中立刻有大量气泡产生。深色的 Na_2CO_3 溶液一开始只有少量的局部气泡。后来出现颜色突然变浅的现象,再继续

滴加稀硫酸,溶液颜色不再变化,并产生大量气泡。整个过程的实验现象如表 3-2-3 所示:

表 3-2-3 绿茶汁鉴别 $NaHCO_3$ 溶液和 Na_2CO_3 溶液的实验现象

实验步骤	$NaHCO_3$ 溶液	Na_2CO_3 溶液
1. 滴加 5 滴绿茶汁	浅茶色	深茶色,清亮
2. 不断滴入稀硫酸	有大量气泡产生	一开始局部有较少气泡,继续滴加稀硫酸,出现颜色突然变浅的现象,同时有大量气泡产生

$NaHCO_3$ 溶液中加稀硫酸,立刻产生大量二氧化碳气体,同时溶液的 pH 很快降低。而 Na_2CO_3 溶液中加稀硫酸,首先形成 Na_2CO_3 - $NaHCO_3$ 缓冲溶液(缓冲溶液的相关知识详见本书第 2 章第 2 节),它对溶液的 pH 具有较强的缓冲作用,所以一开始加入硫酸,溶液的 pH 变化很小,根据缓冲溶液的计算公式 $c(H^+) = K_{a2}^{\ominus} \dfrac{c(NaHCO_3)}{c(Na_2CO_3)}$ 可以算出,该溶液的 pH 在 10.3 附近缓慢降低。直到 Na_2CO_3 被完全消耗掉,这时溶液由 Na_2CO_3 - $NaHCO_3$ 缓冲溶液变成 $NaHCO_3$ 溶液,并伴有一个 pH 突变,该突变使得溶液颜色突然变浅。为了验证上述解释,用酚酞再次验证,得到下列现象:

表 3-2-4 酚酞鉴别 $NaHCO_3$ 溶液和 Na_2CO_3 溶液

实验步骤	$NaHCO_3$ 溶液	Na_2CO_3 溶液
1. 滴加 2 滴酚酞	浅红	深红
2. 逐滴加入稀硫酸	颜色很快褪去,有大量气泡产生	一开始无颜色变化,气泡较少,后来颜色突然变浅,继续滴加有大量气泡产生

实验现象证实了上述解释。酚酞的 pH 变色范围是 8~10,$NaHCO_3$ 溶液的 pH 基本稳定在 8.3 左右,Na_2CO_3 的 pH 基本在 10 以上,因此加入酚酞以后,$NaHCO_3$ 溶液显浅红,Na_2CO_3 溶液显深红,且浓度大小不影响颜色深浅。$NaHCO_3$ 溶液中滴入稀硫酸,溶液的 pH 很快由 8.3 降到 8 以下,处于酚酞无色的 pH 范围,所以浅红色很快褪为无色。而 Na_2CO_3 溶液中滴入稀硫酸先得到缓冲溶液,pH 在 10.3 左右缓慢变化,仍然处于酚酞显红色的 pH 范围,所以一开始滴加无颜色变化。直到 Na_2CO_3 消耗完毕,溶液变成了 $NaHCO_3$,pH 突然变小,溶液颜色才突然变浅。

第3节　以白醋为原料的实验

实验3.3.1　微型称量滴定法测白醋总酸含量

　　白醋总酸含量的测定是一个常规实验,实验中经常会因漏液、赶气泡、溶液溅出、读数不准、滴过终点等不当操作而引起较大误差,甚至导致失误。另外,滴定管的润洗既麻烦,又浪费试剂。改用称量滴定的思路对此实验做改进。结果表明,称量滴定方法操作简单,试剂用量仅为常规容量分析的十分之一,减少了样品和滴定剂的用量,实现了微型化。实验中用一次性注射器代替滴定管,既省去了滴定管的成本,又降低了操作难度,最大的优点还在于注射器的针尖细,滴下的液滴小,临近终点时悬挂的液滴可随意抽吸缩回,终点更容易控制,提高了精密度;降低了读数误差,提高了准确度。

一、实验简介

【主要实验原料】

氢氧化钠标准溶液、酚酞指示剂、市售白醋(总酸含量≥6.00 g/100 mL)。

【主要实验器材】

电子分析天平、10 mL 一次性注射器、小锥形瓶。

【实验步骤与实验数据】

　　1. 取一干燥锥形瓶[①]放入电子分析天平中,待读数稳定后清零。

　　2. 移取白醋样品 0.2～0.3 g 于小锥形瓶中,读出准确质量,记为 m(白醋),加适量水(约 5～10 mL 左右)稀释,加入一滴酚酞指示剂,待恒重后清零。

　　3. 用 10 mL 一次性注射器吸取已知准确浓度的 NaOH 溶液滴定锥形瓶中的白醋,边滴边摇匀,直到溶液呈现微红色且半分钟内不褪色,即为滴定终点。

　　4. 记录天平上的读数,即为滴定过程中滴入的 NaOH 溶液的质量 m(NaOH)。

------

　　①　最好用碘量瓶,以减少醋酸溶液的挥发。

5. 平行测定三次。按照实验设计解析部分给出的公式计算出白醋总酸含量。实验结果如表 3-3-1 所示。

表 3-3-1 微型称量滴定法测定白醋总酸含量数据及处理

实验次序	m(HAc)/g	m(NaOH)/g	总酸量 /g·(100 mL)$^{-1}$	平均值	相对平均偏差/%
1	0.263 7	2.656 9	5.996		
2	0.259 1	2.608 4	5.968	5.978	0.20
3	0.248 1	2.498 5	5.970		

【实验说明】

市售白醋的总酸含量有很多规格,最常见的是总酸含量≥9.00 g/100 mL、≥6.00 g/100 mL、≥5.00 g/100 mL、≥3.50 g/100 mL 等。按照总酸含量中的数字,本书分别将白醋规格称为 9°、6°、5°、3.5°。本实验采用的是 6°白醋。

二、实验设计解析

称量滴定的原理与常规容量分析的原理在本质上是相同的,都是利用酸碱反应中的定量关系。不同的是常规分析需要准确测定滴定剂的体积,利用消耗的滴定剂的体积计算未知液浓度;而称量滴定需要准确测定滴定剂的质量,利用消耗的滴定剂的质量进行计算。

在称量滴定法测定白醋总酸含量的实验中,用已知准确浓度的 NaOH 溶液滴定白醋,测出其总酸含量,测定结果的单位为 g/100 mL,计算公式如下:

$$总酸量(g/100\ mL) = \frac{c(NaOH) \cdot m(NaOH)\rho(白醋) \cdot M_r(HAc)}{m(白醋) \cdot \rho(NaOH)} \times 10^{-1}$$

上式中,各符号的意义为:

c(NaOH):滴定剂 NaOH 溶液的物质的量浓度,单位 mol·L^{-1}。

m(NaOH):滴定反应消耗的 NaOH 溶液的质量,单位 g。

M_r(HAc):醋酸的摩尔质量,60.06 g·mol^{-1}。

ρ(NaOH):滴定剂 NaOH 溶液的密度,用称量法测得本实验所用的 NaOH 溶液的密度为 1.010 7 g·mL^{-1}。

m(白醋):滴定反应消耗的白醋的质量,单位 g。

ρ(白醋)：白醋的密度，用称量法测得本实验所用的白醋的密度为 0.997 6 g·mL^{-1}。

1. 两种实验方法的比较

改用常规方法滴定相同样品的白醋总酸含量。用移液管准确移取白醋原液 10.00 mL 于 100 mL 容量瓶中，蒸馏水定容，摇匀，准确移取稀释后白醋溶液 25.00 mL 于锥形瓶中，加入 2 滴酚酞指示剂，用标定后的 NaOH 溶液滴定锥形瓶中的白醋，滴定前记下滴定管液面读数 V_1，滴至溶液呈现微红色，且半分钟内不褪色，即为终点，记下滴定管液面读数 V_2。消耗氢氧化钠溶液的体积为 $\Delta V=(V_2-V_1)$。平行标定三次。计算白醋总酸含量。实验结果如表 3-3-2 所示。

表 3-3-2   常规滴定分析法测定白醋总酸量数据及处理

实验次序	V_1/mL	V_2/mL	ΔV/mL	总酸量/g·(100 mL)$^{-1}$	平均值	相对平均偏差/%
1	0.00	25.21	25.21	6.056		
2	0.00	25.16	25.16	6.044	6.044	0.13
3	0.26	25.37	25.11	6.032		

比较表 3-3-1 和表 3-3-2 的数据可以看出，称量滴定的滴定剂用量仅为常规滴定用量的十分之一，而实验的相对平均偏差与常规分析相当。主要原因在于称量滴定使用电子分析天平，称量误差一般为 ±0.000 1 g；而常规的容量分析使用滴定管测量体积，测量误差一般为 ±0.01 mL，对密度约为 1.00 g/mL 的滴定剂，则测量的误差为 ±0.01 g 左右，其测量误差为使用电子分析天平的 100 倍。

2. 一般的酸碱中和滴定为什么不能微型化，而称量滴定却可以实现微型化

常规的滴定分析方法测量的是溶液体积，又被称为容量分析。容量分析的关键是用滴定管准确量取所消耗的滴定剂的体积。滴定管的读数误差一般为 ±0.02 mL（一次滴定读数两次，每次误差为 ±0.01 mL），而要求每次测量相对误差应 ≤0.1%，根据下列公式计算：

$$相对误差=\frac{绝对误差}{试样量}$$

可知每次滴定时所需滴定剂的最少用量为 20 mL。因此，传统的容量

分析难以实现微型化。称量滴定的关键是用电子分析天平准确称量所消耗的滴定剂的质量。电子分析天平的读数误差是 ± 0.2 mg(用减量法称量需两次称重,电子分析天平一次读数误差为 ± 0.1 mg),在保证相对误差应 $\leqslant 0.1\%$ 的要求下,按上述公式计算可知,最少用量为 0.2 g,即约为 0.2 mL,达到微型化。

3. NaOH 溶液浓度和密度的准确标定

由于 NaOH 溶液放置在空气中会发生一系列副反应,因此用 NaOH 溶液滴定醋酸溶液之前,要先标定 NaOH 溶液的准确浓度。分析化学中一般选用邻苯二甲酸氢钾(KHP)作为基准物质标定氢氧化钠溶液浓度。该反应按物质的量之比 1:1 进行。所以氢氧化钠溶液浓度(mol/L)的计算公式为:

$$c_{NaOH}(mol/L) = \frac{m_{KHP} \times \rho_{NaOH}}{M_{rKHP} \times m_{NaOH}} \times 10^3$$

m_{KHP}:邻苯二甲酸氢钾的质量,单位 g。

m_{NaOH}:滴定反应消耗的 NaOH 溶液的质量,单位 g。

M_{rKHP}:邻苯二甲酸氢钾的摩尔质量,204.22 g·mol^{-1}。

ρ_{NaOH}:滴定剂 NaOH 溶液的密度,单位 g·mL^{-1}。

① 粗配 0.1 mol/L 氢氧化钠溶液

用天平称取 2.0 g NaOH 固体放入小烧杯中,用 3 mL 蒸馏水洗 2～3 次,再加入除去二氧化碳的蒸馏水 500 mL 溶解,贮存于带橡胶塞的试剂瓶中。

② 准确标定 NaOH 溶液的浓度

准确称取邻苯二甲酸氢钾(KHP)0.2 g～0.3 g 于小锥形瓶中,分别加适量水溶解,加 1 滴酚酞指示剂,将装有溶液的小锥形瓶置于电子分析天平上,待数值稳定后,按下清零键。取下小锥形瓶放在干净的白纸上,用 10 mL 一次性注射器吸取 NaOH 溶液,滴定邻苯二甲酸氢钾溶液,直到溶液呈现微红色,且半分钟内不褪色,即为终点。再用电子分析天平称其质量,记为 m_{NaOH}。平行标定三次。计算氢氧化钠溶液平均的物质的量浓度,实验结果如表 3-3-3 所示。

表 3-3-3　NaOH 溶液浓度的标定数据

实验次序	m_{KHP}/g	m_{NaOH}/g	$c_{NaOH}/mol \cdot L^{-1}$
1	0.216 7	10.670 9	0.100 5
2	0.220 4	11.033 7	0.098 9
3	0.214 3	10.547 4	0.100 6
平均值	0.217 1	10.750 7	0.100 0

③ 准确标定 NaOH 溶液的密度

由总酸量的计算公式可知,本实验还需要知道滴定剂 NaOH 以及待测液白醋的准确密度。用称量滴定法能够非常简便地测出 NaOH 溶液的准确密度:取一干燥小烧杯放入电子分析天平中,待读数稳定后按下清零键,用移液管精确移取 10.00 mL NaOH 溶液,读出准确质量,算得 NaOH 溶液的密度为 1.010 7 $g \cdot mL^{-1}$;同理可算得白醋的密度为 0.997 6 $g \cdot mL^{-1}$。

生活中使用的白醋总酸含量有多种。以下拓展实验有助于快速比较不同白醋中的总酸含量。

拓展实验:白醋中总酸含量的快速比较法

【主要实验原料】

紫甘蓝汁、3.5°白醋、6°白醋、9°白醋、0.5 $mol \cdot L^{-1}$ 管道通溶液。

【主要实验器材】

25 mL 小锥形瓶 3 个、滴管若干。

【实验步骤】

三种白醋各取 20 滴分别加入三个锥形瓶中。锥形瓶底部垫张白纸以便观察颜色。分别向三种白醋样品中加入 5 滴紫甘蓝汁,溶液颜色呈浅红色。平行向三个锥形瓶中滴加 0.5 $mol \cdot L^{-1}$ 管道通溶液,边滴边摇匀,观察颜色变化顺序。当溶液颜色变为蓝色时停止,将实验结果记入表 3-3-4。最先变蓝的白醋中总酸含量最少,最后变蓝的白醋中总酸含量最高。

表 3-3-4　白醋中总酸含量快速比较实验数据记录

白醋类型	3.5°白醋	6°白醋	9°白醋
变色顺序			
总酸含量比较			

【实验说明】

本实验若向初三年级以下儿童演示,应隐去商品名称和标识。详见本书第五章第三节《教学原则》(安全性)。

实验 3.3.2 中和热测定

酸碱中和反应是放热反应。该热量不但可以准确测定,而且可用于区别总酸含量不同的白醋。通过该实验,学生能够认识不同类型的白醋,加深理解酸碱中和反应,学习中和热、比热等概念,练习量筒、移液管、温度计、电子天平的使用。

一、实验简介

【主要实验原料】

稀释白醋(6°白醋与水 1∶1 稀释)、$0.5\ mol\cdot L^{-1}$ NaOH 溶液。

【主要实验器材】

温度计、25 mL 移液管、100 mL 量筒、100 mL 锥形瓶、泡沫保温杯(冲泡类快餐食品盒)、电子天平、棉花。

【实验步骤与实验数据】

1. 搭建装置:将 100 mL 锥形瓶放入保温杯中,周围塞上棉花。选取一个与锥形瓶口相匹配的橡皮塞,将温度计穿过橡皮塞和保温杯盖子。检查装置的吻合程度。将整套装置放在电子天平上,待读数稳定后清零。

2. 准确测量 NaOH 溶液和白醋的温度,记录数值。用移液管准确量取 $25.00\ mL\ 0.5\ mol\cdot L^{-1}$ NaOH 溶液放入锥形瓶。用量筒量取 30 mL 稀释白醋迅速倒入锥形瓶,盖上橡皮塞和保温杯盖子。将整套装置平放在桌面上,均匀摇动,观察温度变化,记录温度的最高值。再将整套装置放回电子天平,待读数稳定后读取溶液总质量 m。

3. 再做两次平行实验。

数据记录见表 3-3-5。中和热的计算详见实验设计解析。

表 3-3-5　数据记录

实验序号	溶液质量	起始温度 $T_1/℃$			最高温度 $T_2/℃$
		白醋	NaOH 溶液	平均值	
1					
2					
3					

【实验说明】

1. 该实验中,白醋的用量不必准确控制,而 NaOH 溶液的用量则需要准确控制。

2. 温度数据是本实验的关键。因此,温度计的精密度要能显示到 0.1 ℃。

3. 白醋倒入 NaOH 溶液时,动作要迅速。倒完之后要迅速封闭容器。以免热量流失。

二、实验设计解析

中和热是指稀溶液中,酸碱中和反应生成 1 mol H_2O 时所释放出的热量。氢氧化钠与醋酸发生反应 $NaOH + CH_3COOH \Longrightarrow CH_3COONa + H_2O$。放出的热量 $Q = cm\Delta t = cm(T_2 - T_1)$,$c$ 为混合溶液的比热,假设近似等于水的比热,$4.18\ \text{J}/(\text{g}\cdot℃)$。$m$ 为 NaOH 溶液与白醋的总质量,T_1 为起始温度,T_2 为反应后的最高温度。摩尔反应热 $\Delta H = Q/n(H_2O)$。

本实验中,稀释白醋的浓度大约为 $0.5\ \text{mol}\cdot\text{L}^{-1}$,取 30 mL。NaOH 溶液的浓度也为 $0.5\ \text{mol}\cdot\text{L}^{-1}$。让白醋略微过量,NaOH 被完全反应掉。因此,实验时稀释白醋的体积不必准确,用量筒量取即可,而 NaOH 溶液的体积则必须用移液管准确量取。根据 NaOH 溶液的物质的量计算中和热。计算公式如下所示:

$$\Delta H = Q/n(H_2O) = cm(T_2 - T_1)/n(NaOH)$$

酸碱中和反应释放的热量与生成的水的物质的量成正比。根据这一原理,可以通过中和热的比较来区别总酸浓度不同的白醋。实验中使白醋反应完全,让 NaOH 过量。向体积相同总酸含量不同的白醋中加入等量且过量的 NaOH 溶液,测量反应前后的温度变化。升温越大说明酸碱中和反应释放的热量越多,总酸含量越大。在比较总酸含量不同的白醋实验中,只要控制好平行比较的条件即可,不必采用中和热测定的保温装置。可用手触摸容器外壁感知温度,从而进一步简化实验操作。6°白醋的物质的量浓度约为 $1\ mol\cdot L^{-1}$,其他度数白醋的摩尔浓度可以 6°白醋为标准,按比例进行计算,进而设计实验中所需 NaOH 溶液的物质的量。

拓展实验:区别总酸含量不同的白醋

【主要实验原料】

白醋甲、白醋乙、白醋丙、$1.5\ mol\cdot L^{-1}$ NaOH 溶液。

【主要实验器材】

锥形瓶 3 只、100 mL 量筒 4 只、温度计 3 支。

【实验步骤】

1. 测量白醋甲、白醋乙、白醋丙、$1.5\ mol\cdot L^{-1}$ NaOH 溶液的起始温度,确认所有溶液的温度均相同。若不相同,静置,待温度相同时再做下一步。

2. 三只锥形瓶中各倒入 50 mL $1.5\ mol\cdot L^{-1}$ NaOH 溶液。分别量取白醋甲、白醋乙、白醋丙各 50 mL。将三种白醋分别同时倒入三只锥形瓶中。摇动锥形瓶,使反应均匀发生。

3. 15 秒后用温度计测量溶液温度,温度高低反映了白醋中的总酸含量。

数据记录与处理见表 3-3-6。

表 3-3-6　数据记录

物质	白醋甲	白醋乙	白醋丙
起始温度/℃			
终点温度/℃			
醋酸含量			

实验演示

第4节　以饮料为原料的实验

实验 3.4.1　饮料变色实验

饮料是生活中的必需品。本实验以饮料为原料,展示生活中处处有化学的科学理念。实验现象较为有趣,摇晃溶液时发生颜色变化,摆放静置溶液时颜色又复原。"摇晃变色⟷摆放褪色"的实验操作和实验现象可重复多次。本实验安全可靠,操作简单,器材易得,便于携带,实验现象色彩丰富。饮料变色实验不仅可作为教师演示实验,还可用于学生操作实验。

一、实验简介

【主要实验原料】

力量帝维他命水(石榴蓝莓风味)、颗粒状管道通疏通剂、食用纯碱、纯净水、亚甲基蓝粉末。

【主要实验器材】

滴管、烧杯、电子秤、玻璃棒、100 mL 量筒、药匙、无色透明饮料瓶。

【实验准备】

1. 饱和亚甲基蓝溶液:取少量亚甲基蓝粉末溶于适量纯净水,配制成深蓝色饱和溶液。静置,取上层清液备用。

2. 配制食用纯碱溶液:称取 20 g 食用纯碱粉末,分三次放入盛有 100 mL 纯净水的小烧杯中,搅拌均匀。将配好的食用纯碱溶液转移至贴有"食用纯碱溶液"标签的试剂瓶。

3. 配制管道通溶液:取适量颗粒状管道通疏通剂颗粒,剔除掉其中的金属颗粒物。称取 10 g 不含金属颗粒物的颗粒状管道通疏通剂溶于 100 mL 纯净水,充分搅拌,使其溶解。

【实验步骤与实验现象】

1. 单次变色实验:分别取 50 mL 玫红色力量帝(石榴蓝莓风味)饮料和 150 mL 食用纯碱溶液。向 50 mL 力量帝饮料中缓缓加入食用纯碱溶液。当溶液颜色呈现红紫时,改为逐滴加入,并观察每加入一滴食用纯碱溶液后引起的颜色变化:红紫→紫色→蓝紫→蓝色。当溶液颜色变为蓝色之后,将剩余的食用纯碱溶液全部加入力量帝饮料中,溶液颜色变为蓝绿色或绿色。静置 1 小时后,溶液变为黄色。

2. **多次变色实验**:取 30 mL 玫红色力量帝(石榴蓝莓风味)饮料于无色透明饮料瓶中。在另一个饮料瓶中加入 30 mL 管道通溶液和 10 mL 亚甲基蓝溶液。混合两种溶液,溶液变为绿色。静置片刻,溶液变为棕黄色。再次振荡,溶液又变为绿色。这种"振荡后溶液变绿,静置片刻后褪为棕黄色"的实验现象可以多次出现。

【实验说明】

1. 单次变色实验中,只能用纯碱溶液,不能用管道通溶液。因为纯碱溶液的主要成分是二元弱碱,加入饮料中,可以跟饮料中的酸性物质反应,形成缓冲溶液,减缓饮料中的 pH 变化进程,使中间颜色呈现出来。而管道通溶液的主要成分是强碱,不能形成缓冲溶液,滴入饮料中,pH 变化较快,部分中间颜色会被跳过去。

2. 多次变色实验中,溶液温度越高,褪色越快。因此,实验现象中的褪色时间可以通过温度加以调节。多次变色实验还有很多替代方案。替代方案 1:将力量帝(石榴蓝莓风味)饮料、管道通溶液和亚甲基蓝溶液按照体积之比 3∶3∶1 的比例混合在一只瓶中,拧上瓶盖,充分振荡,溶液颜色变绿。静置后变为棕黄色。替代方案 2:将玫红色石榴蓝莓风味力量帝饮料换成黄色热带水果风味力量帝饮料,其他实验条件不变。实验现象为振荡后变绿,静置后变为亮黄色。替代方案 3:在替代方案 2 的基础上,将管道通溶液改成纯碱溶液。实验现象同替代方案 2。替代方案 4:石榴蓝莓风味力量帝饮料的多次变色实验中,将管道通溶液换成纯碱溶液,需要加热条件,或者在室温较高的夏天才可出现理想的实验现象。替代方案 5:还有很多其他饮料也可以用来做此实验,详见本实验的解析部分。

3. 石榴蓝莓风味力量帝饮料的多次变色实验中出现的颜色有红、黄、绿三色,且黄色和绿色之间可以切换。可以设计成"交通红绿灯"的趣味情境。

4. 本实验中的纯净水是指商品名称中标有"纯净水"字样的饮用水,品牌不限。

5. 亚甲基蓝是一种鱼缸消毒剂,可在花鸟虫鱼市场或者网上购买。

6. 实验所用饮料最好是开瓶不久的饮料。饮料与空气接触时间过长,其中的还原性物质会被氧化,影响实验效果。

7. 此实验若演示给初三年级以下儿童,应隐去商品名称的标识,以防其模仿,在家中任意混合液体。详见本书第 5 章第 3 节《教学原则》(安全性)。

二、实验设计解析

力量帝(石榴蓝莓风味)中含有紫薯提取物,在加入纯碱溶液时,呈现出丰富多彩的颜色。花青素是紫薯提取物的主要成分,它是一种很好的酸碱指示剂,在酸性条件下显红色(深红、玫红),在中性条件下为紫色,在碱性条件下,随着碱性增强,依次呈现蓝色、绿色、黄色以及两种颜色的混合色。也就是说,花青素在从强酸性到强碱性的 pH 递变过程中,依次会出现以下 10 种颜色:深红、玫红、红紫、紫色、蓝紫、蓝色、蓝绿、绿色、黄绿、黄色。力量帝(石榴蓝莓风味)的起始颜色为玫红色,说明饮料中有酸性物质。向其中逐渐加入纯碱,使溶液酸性减弱,碱性增强,依次出现从红紫到黄色的过程性颜色。

多次变色实验的原理是经典趣味化学实验——蓝瓶子实验的反应原理。蓝瓶子的实验现象是无色溶液振荡后变成蓝色,静置后褪为无色,此现象具有可重复性。该实验常被用于化学表演类活动以及化学动力学问题的探究教学。经典蓝瓶子实验所用试剂为葡萄糖、氢氧化钠和亚甲基蓝。实验过程及实验原理如表 3-4-1 所示。蓝瓶子实验中,葡萄糖、氢氧化钠和亚甲基蓝都是一级反应。氧气为零级反应。意味着反应速率与葡萄糖、氢氧化钠和亚甲基蓝浓度之间都是线性比例关系。葡萄糖、氢氧化钠和亚甲基蓝的浓度越大,颜色变化越快。而氧气浓度对反应速率却没有影响。

表 3-4-1　蓝瓶子实验过程与实验原理

实验过程		实验机理		
操作	现象	解释	反应历程	符号意义
振荡溶液 ↓ ┐ 静置摆放	无	空气中的氧气溶于反应体系	$A(g) \longrightarrow A(aq)$	$A(g)$:气态氧气 $A(aq)$:溶液中的氧气
	溶液由无色变为蓝色	溶液中的氧气将亚甲基白氧化成亚甲基蓝	$A(aq)+B \longrightarrow C$	B:还原态亚甲蓝,简称亚甲基白,无色 C:氧化态亚甲蓝,简称亚甲基蓝,蓝色
	溶液由蓝色逐渐褪为无色	亚甲基蓝被葡萄糖还原为亚甲基白	$C+D \longrightarrow E+B$	D:葡萄糖 E:葡萄糖的氧化产物

1994 年,托里弗(Tolliver)和库克(Cook)发现,蓝瓶子实验中的葡萄糖可换成其他糖类,比如 D - 核糖、D - 果糖等。1997 年,斯尼哈拉萨(Snehalatha)等发现,向以硫酸或者盐酸酸化的亚甲基蓝溶液中加入维生素 C,也可以出现蓝瓶子实验的现象。

除了力量帝饮料以外,还有很多其他饮料也可以用于演示多次变色实验。实验操作过程为:按 3∶3∶1 的体积之比混合饮料、碱性溶液和亚甲基蓝溶液。然后摇晃振荡,最后摆放静置。该实验中,饮料类型、碱性强弱、实验温度是关键条件。

(一)饮料类型

饮料类型对实验结果有显著性影响。经过无数次试验发现,以下饮料的变色速度快,演示效果好,分别是:统一鲜橙多橙汁饮料、每日 C 葡萄汁饮品、佳得乐运动饮料(蓝莓味、柠檬味、西柚味、橙味)、力量帝维他命水(石榴蓝莓风味、蓝莓树莓风味、热带水果风味)、康师傅水漾(柠檬口味)、酷乐仕龙卷 C(火龙果风味)等。

(二)碱性溶液和实验温度的选择

饮料变色实验要在强碱性条件下进行。生活中常见的碱性较强的物质是颗粒状管道通疏通剂和食用纯碱。颗粒状管道通疏通剂中含有大量氢氧化钠,其实验效果优于食用纯碱。本实验所用管道通溶液的浓度为 10%。如果采用食用纯碱,不但要配成饱和溶液,而且还需要加热条件。通过加热提高反应速率,促进纯碱水解,提高氢氧根离子浓度,有利于加快振荡后的褪色速度。因此,碱性溶液不同,实验步骤略有差别。

1. 采用 10% 管道通溶液作为碱性溶液

取 3 mL 饮料于试管中。加入 10 滴~3 mL 不等的 10% 管道通溶液,具体用量视饮料类型而定。再加入 2 滴~30 滴不等的亚甲基蓝溶液(详见表 3-4-2)。振荡试管,观察溶液颜色变化。静置试管,观察溶液颜色变化。待溶液颜色恢复至振荡前的颜色,再次振荡试管,观察颜色变化,然后静置试管,观察颜色变化。振荡和静置操作可重复多次。

表 3-4-2　采用 10%管道通溶液作为碱性溶液的实验方案及现象[&]

饮　料			10%管道通溶液		亚甲基蓝		实验现象	
名　　称	初始颜色	用量	用量	溶液颜色[*]	用量	溶液颜色[#]	振荡后	静置后
佳得乐 蓝莓味	淡蓝	3 mL	30 滴	黄绿	10 滴	深蓝	深蓝	黄绿
佳得乐 西柚味	乳白	3 mL	3 mL	乳白	30 滴	宝蓝	宝蓝	淡紫→乳白
佳得乐 柠檬味	黄绿	3 mL	3 mL	浅黄	10 滴	深蓝	深蓝	浅黄
佳得乐 橙味	橙黄	3 mL	3 mL	橙红	10 滴	宝蓝	宝蓝	淡紫
力量帝 蓝莓树莓	暗红	3 mL	20 滴	深黄	10 滴	墨绿	墨绿	蓝绿→深黄
力量帝 热带水果	浅黄	3 mL	2 滴	浅黄	10 滴	黄绿	黄绿	浅黄
力量帝 石榴蓝莓	玫红	3 mL	30 滴	黄绿→黄	10 滴	蓝绿	蓝绿	黄绿→黄
每日 C 葡萄汁	酒红	3 mL	30 滴	棕黑	30 滴	蓝黑	蓝黑	棕黑
鲜橙多橙汁	鲜黄	3 mL	10 滴	鲜黄	20 滴	翠绿	翠绿	蓝绿→黄绿→鲜黄

　　注:[&]饮料中的维生素 C 和糖类物质等在空气中易被氧化,因此饮料开启时间等因素会对实验结果有不同程度影响。本表显示的是新开封饮料的实验结果。[*]加入 10%管道通溶液之后溶液呈现的颜色;[#]加入亚甲基蓝溶液之后溶液呈现的颜色。

　　2. 采用饱和食用纯碱溶液作为碱液

　　取 1 mL～3 mL 饮料于试管中(详见表 3-4-3)。加入 1 mL～3 mL 不等的饱和食用纯碱溶液。再加入 10 滴～30 滴不等的亚甲基蓝溶液,振荡试管,观察溶液颜色变化。加热试管中的混合溶液,加热方法可用酒精灯、打火机或者 60 ℃以上的热水浴。静置试管,观察溶液颜色变化。待溶液颜色恢复至振荡前颜色,再次振荡试管,观察颜色变化,然后静置试管,观察颜色变化。振荡和静置操作可重复多次。

表 3-4-3　采用饱和食用纯碱溶液作为碱性溶液的实验方案及现象

饮料			饱和食用纯碱溶液		亚甲基蓝		加热后的实验现象	
名　称	初始颜色	用量	用量	溶液颜色*	用量	溶液颜色♯	振荡后	静置后
佳得乐　蓝莓味	淡蓝	3 mL	3 mL	淡黄绿	20 滴	深蓝	深蓝	淡黄绿
佳得乐　西柚味	乳白	3 mL	3 mL	乳白	10 滴	深蓝	深蓝	乳白
佳得乐　柠檬味	黄绿	3 mL	3 mL	浅黄	10 滴	深蓝	深蓝	浅黄
佳得乐　橙味	橙黄	3 mL	3 mL	橙红	20 滴	深蓝	深蓝	浅紫
力量帝　蓝莓树莓	暗红	3 mL	3 mL	黄绿	10 滴	蓝绿	蓝绿	浅黄
力量帝　热带水果	浅黄	3 mL	1 mL	浅黄	20 滴	黄绿	黄绿	浅黄&
力量帝　石榴蓝莓	玫红	1 mL	3 mL	浅黄绿	20 滴	蓝色	蓝色	浅黄绿
每日 C 葡萄汁	酒红	3 mL	3 mL	棕黑	30 滴	蓝黑	蓝黑	棕黑
鲜橙多橙汁	鲜黄	3 mL	1 mL	鲜黄	20 滴	蓝绿	蓝绿	黄绿→鲜黄

注：* 加入饱和食用纯碱之后溶液呈现的颜色；♯ 加入亚甲基蓝之后溶液呈现的颜色；& 不加热也可较快褪色。

　　根据反应机理，可以根据需要对本节所述变色实验加以改进和创新。首先，在饮料选择上，成分中含有葡萄糖或者其他糖类物质，以及含有维生素 C 的饮料，原则上均可用于变色实验。其次是要控制好实验条件，将振荡后溶液的褪色时间控制在最佳范围内。多次实验之后发现，5～15 秒的褪色时间效果较好。

　　饮料变色实验中，要解决的难题是加快饮料的褪色速率。本实验中，能够提高反应速率的因素主要是浓度和温度。从反应机理可知，提高糖类物质或者维生素 C、碱性溶液和亚甲基蓝溶液的浓度，以及提高反应温度均可达到实验目的。

　　市售饮料中的各项成分是固定不变的，其中所含的糖类物质或者维生素 C 无法改变。购买饮料时，可以通过饮料瓶上的成分标识，选择糖类物质或者维生素 C 含量高的饮料进行实验。

　　溶液碱性越强，褪色速度越快。但是实验发现，如果碱性过强，在亚甲基蓝溶液加入后溶液就立刻褪色，甚至不出现颜色变化，不利于观察振荡前颜色。反之,如果溶液碱性太弱,又会使褪色速度过慢,从而降低实验的趣味性。实验改进时,可参考表 3-4-2、表 3-4-3 中的实验数据,基于表中所列数据,对碱液用量进行调整。

温度是影响实验速率的关键因素。关于温度与反应速率之间的关系,有个经验规则:温度每升高 10 ℃,反应速率提高一倍。实验改进时,如果浓度因素不能达到实验目的,可通过改变溶液温度的办法,对褪色时间加以控制。

实验 3.4.2　作为指示剂的绿茶

茶是天然保健饮品。绿茶中含有丰富的多酚化合物,具有很强的抗氧化活性,是其保健功能的主要来源。大多数多酚类物质是无色的,但当 pH 发生变化或氧化时就会呈现红色或褐色,使绿茶汤色加深。这启示我们,冲泡出的绿茶汁可以作为酸碱指示剂。本节实验研究绿茶汁在不同碱性溶液中的显色情况。研究结果不但可用于中学常见碱性物质的区别,而且还可对碱性溶液的浓度进行大致估算。

一、实验简介

【主要实验原料】
绿茶、纯净水、NaOH 固体、Na_2CO_3 粉末、$NaHCO_3$ 粉末。

【主要实验器材】
电水壶、小烧杯、滴管、玻璃棒、托盘天平、角匙、称量纸、10 mL 量筒、100 mL 量筒。

【实验步骤与实验现象】
1. 泡茶:煮沸纯净水倒入小烧杯中。取适量绿茶叶放入煮沸的纯净水中浸泡至茶色出现。

2. 绿茶汁在饱和 NaOH、Na_2CO_3、$NaHCO_3$ 溶液中的显色情况:称取 27.8 g NaOH 固体、5.4 g Na_2CO_3 固体、2.4 g $NaHCO_3$ 固体于 100 mL 小烧杯中,分别加入 20 mL 纯净水配成三种物质的饱和溶液。各取 2 mL 溶液于试管中,向三支试管中分别滴加 5 滴绿茶汁。NaOH 溶液呈现黄褐色,Na_2CO_3 溶液呈现深黄色,$NaHCO_3$ 溶液呈现浅黄色。

3. 绿茶汁在不同浓度 NaOH 溶液中的显色情况:称取 0.8 g NaOH 固体于 100 mL 烧杯中,加入 20 mL 水,配成 1 mol·L^{-1} 的 NaOH 溶液,标记为溶液 1；量取溶液 1 中的 NaOH 溶液 10 mL 于 100 mL 烧杯中，加入 90 mL 水，标记为溶液 2（浓度为约 0.1 mol·L^{-1}）；量取溶液 2 中的 NaOH 溶液 10 mL 于 100 mL 烧杯中，加入 90 mL 水，标记为溶液 3（浓度约为 1×10^{-2} mol·L^{-1}）；量取溶液 3 中的 NaOH 溶液 10 mL 于 100 mL 烧杯中，加入 90 mL 水，标记为溶液 4（浓度为 1×10^{-3} mol·L^{-1}）；量取溶液 4 中的 NaOH 溶液 10 mL 于 100 mL 烧杯中，加入 90 mL 水，标记为溶液 5（浓度为 1×10^{-4} mol·L^{-1}）；取溶液 1～5 中的溶液各 2 mL 于 5 支试管中，分别加入 5 滴绿茶汁，观察溶液颜色。从溶液 1 至溶液 5，颜色由深黄色递减为浅黄色。

【实验说明】

绿茶汁的浓度宜大不宜小。实验时绿茶汁的滴数不限于 5 滴。

二、实验设计解析

绿茶的主要成分是茶多酚、氨基酸、咖啡因等，其中茶多酚又称茶单宁或茶鞣质，是茶叶中多种酚类化合物的复合体。茶多酚类物质主要分为 6 种，即黄烷醇类、4-羟基黄烷醇类、黄酮类、黄酮醇类、花青素类和酚酸类。其中黄烷醇类（俗称儿茶素）是最主要的一种，约占茶多酚总量的60%～80%，其结构中含有多个—OH官能团。

儿茶素对 pH 非常敏感，在酸性和中性条件下生成二聚体，在碱性条件下聚合度大大增强，产物使溶液变黄色。且碱性越强，生成的聚合物越多，溶液的黄色越深。绿茶汁中含有较多的儿茶素，当溶液的 pH 改变时，儿茶素发生氧化反应和聚合反应，生成聚合物而引起颜色改变，因此，绿茶汁可以作为酸碱指示剂使用。

第 5 节　以水果蔬菜为原料的实验

实验演示

实验 3.5.1　红椒碘时钟

基于经典碘时钟实验原理，探究用水果蔬菜为原料的碘时钟实验方案。先从微量实验入手，寻找能够达到较好效果的水果蔬菜和淀粉，探究各种试剂的用量和配比。微量实验成功后，将试剂用量等比例放大，对常量实验做探究,并对微量实验方案做适当调整和优化。试验了十余种水果和蔬菜,发现能产生碘时钟实验类似现象的果蔬分别有红辣椒、柠檬、猕猴桃、胡萝卜、芒果、橙子、夏黑葡萄等。综合考虑表演效果、原料成本、实验安全性和观众参与度等因素,最后发现,红辣椒是演示碘时钟实验的最佳原料。相比于经典碘时钟实验,红椒碘时钟实验具有以下优点:实验原料廉价易得,在菜场、超市和药店中都能买到。实验操作简便安全、实验现象明显、密切联系生活。能使学生感受到生活中处处有化学,从而激发化学学习兴趣。

一、实验简介

【主要实验原料】

红辣椒、碘酊、纯净水、医用过氧化氢消毒液、马铃薯淀粉、醋精(总酸含量≥30 g/100 mL)。

【主要实验器材】

一次性塑料滴管、量筒、烧杯、玻璃棒、榨汁机、石棉网、三脚架、酒精灯、温度计。

【实验准备】

1. 稀释碘酊溶液:将市售碘酊和纯净水按照1∶6的体积比稀释,备用。

2. 取10 g马铃薯淀粉放入200 mL冷水中搅拌,再将其倒入300 mL沸水中,搅拌均匀,静置澄清,得马铃薯淀粉溶液。

3. 制备红椒汁:将红辣椒去籽去筋,用榨汁机榨取汁液,静置,取清液备用。

4. 贴标签:给装有溶液的烧杯和塑料滴管贴上相应溶液的标签,防止混用。

【实验步骤及实验现象】

1. 溶液准备:取A、B两只烧杯。A烧杯中倒入40 mL红椒汁、30 mL稀释碘酊溶液,混合均匀,微微加热。B烧杯中装入50 mL医用过氧化氢消毒液、30 mL醋精、150 mL马铃薯淀粉溶液,混合均匀后,微微加热。

2. 实验表演:将B烧杯中的溶液迅速倒入A烧杯。刚开始混合时没有任何现象发生,溶液颜色仍为红椒汁自身的橙红色。片刻之后,橙红色瞬变为黑色,瞬变速度较快。

【实验说明】

1. 本方案中用到的红辣椒为菜场和超市中常见的大红泡椒。长约 10～15 cm，顶部直径约 0～2 cm，根部直径约 4～6 cm。皮肉厚实，不规则，质感硬，口感较辣。配制溶液的纯净水为商品名称中含有"纯净水"字样的饮用水。马铃薯淀粉在超市购买。碘酊浓度为 2%，医用过氧化氢消毒液中的过氧化氢含量为 2.7%～3.3%，醋精的总酸含量≥30 g/100 mL。

2. 本实验中，稀释碘酊、红椒汁与医用过氧化氢溶液的体积比以及实验温度对本实验现象的影响很大。不同厂家生产的碘酊、过氧化氢浓度差异较大，因此，实验前需要试验一下各溶液的体积比。红椒汁与稀释碘酊溶液的体积比试验方法为：取 20 滴稀释碘酊，向其中滴入红椒汁，至碘酊刚好褪色时，记录滴数。碘酊与红椒汁的滴数比即为体积比。

3. 并非所有淀粉都适用于本实验。只有遇碘能迅速变蓝的淀粉才可用于本实验。有些淀粉遇到碘先变紫或紫红，最后才变为蓝色。因此，实验前要对淀粉加以测试挑选。经测试，马铃薯淀粉是较好的选择。

4. 此实验若演示给初三年级以下儿童，应隐去商品名称和标识，以防其模仿，在家中任意混合液体。详见本书第 5 章第 3 节《教学原则》（安全性）。

二、实验设计解析

1886 年，瑞士化学家兰多尔特首次演示了碘时钟实验。这个实验瞬间变蓝的奇妙现象打动了无数科学爱好者。虽然一百多年过去了，但是碘时钟实验至今还被用于化学动力学问题的教学。经典碘时钟实验用到的药品是碘酸钾、亚硫酸氢钠、淀粉和浓硫酸。它们全是化学试剂，远离学生的生活世界。因此，有学者尝试着用生活物品改进碘时钟实验。其中最常见的替代方案是采用维生素 C 药片、医用过氧化氢消毒液、碘酊和淀粉做此实验。但有研究发现，用维生素 C 片做碘时钟实验的重复性不是很好。因此，采用富含还原性物质的水果和蔬菜来设计和演示碘时钟实验。

用水果和蔬菜演示碘时钟实验具有多重意义。首先，水果、蔬菜所含成分全是天然物质，没有人工添加剂。有利于激发观众的好奇心，提高实验的趣味性。其次，水果、蔬菜是人体健康必需的营养物质，在日常生活中比维生素 C 片的认知度更高。用水果和蔬菜演示碘时钟实验更能展示"化学在身边"的科学理念，有助于提高实验的生活性。最后，《普通高中化学课程标准(实验)》指出,"应鼓励学生和教师充分利用生活中的常见用品和废弃物,设计丰富有特色的实验和实践活动。"本实验不但能很好地体现和落实高中化学课程标准的精神,而且非常适合给中小学生在课内外演示。在科学教育中具有较强的实用性。

(一)果蔬碘时钟实验探究

在经典碘时钟实验中,溶液刚开始混合后的一段时间内没有任何现象,稍等片刻后溶液突然变色。将混合后没有现象的那段时间称为等待期。将变色瞬间所用时间称为变色期。参照碘时钟实验的经典现象,将探究目标设定为控制等待期在 5~20 秒之间,变色期在 2 秒以内。

1. 实验原理及实验假设

维生素 C 体系碘时钟实验的反应原理如下所示:

(1) $I_2 + C_6H_8O_6(过量) = 2H^+ + 2I^- + C_6H_6O_6$

(2) $C_6H_8O_6 + H_2O_2(过量) = C_6H_6O_6 + 2H_2O$

(3) $2H^+ + 2I^- + H_2O_2 = I_2 + 2H_2O$

反应(1)中,单质碘被过量维生素 C 还原,生成碘离子。此时溶液中的还原性物质为碘离子和过量维生素 C。两种溶液混合后,由于维生素 C 的还原性大于碘离子,所以在第(2)步反应中,双氧水先与过量维生素 C 反应。这时,碘时钟反应处于等待期。待维生素 C 全部被氧化后,发生反应(3),双氧水将碘离子氧化成单质碘,使淀粉变蓝,实验中出现瞬间变蓝的实验现象。

由上述反应原理可知,混合溶液中的维生素 C 浓度越大,等待期越长。双氧水浓度越大,等待期和变色期都会缩短。另外,酸性条件可以提高双氧水的氧化性,并且单质碘在弱碱性条件下会发生歧化反应。因此,碘时钟实验必须在酸性条件下进行。

根据以上反应原理推导出以下果蔬碘时钟实验的假设方案:用榨汁机获取水果汁或者蔬菜汁原液,取清液于试管中。向清液中加入碘酊,得到溶液 A。医用过氧化氢消毒液中加入硫酸进行酸化,再加入淀粉溶液,得到溶液 B。预期的实验现象是:将 A、B 两种溶液混合后,稍等片刻,溶液迅速变色。

2. 实验探究

碘时钟实验现象中的变色期和等待期对试剂浓度非常敏感。因此,主要实验原料的选择以及实验试剂的用量及配比是本实验的研究重点。

(1)果蔬品种的选择

果蔬品种的选择是实验探究的第一步。尝试了十余种富含维生素 C 等还原性物质的水果和蔬菜。发现可以出现碘时钟实验类似现象的果蔬分别是红辣椒、柠檬、猕猴桃、胡萝卜、芒果、橙子、夏黑葡萄。由于维生素 C 等还原性物质易被氧化,所以实验中的果蔬汁要现用现配,不要隔夜使用。

(2)淀粉品种的选择

淀粉品种会影响碘时钟实验的颜色变化。有些淀粉遇碘并不立刻变蓝,而是先变为粉紫色或紫褐色,然后才逐渐变成蓝色。这种现象与碘时钟实验中"瞬间变蓝"的现象差别较大。查阅文献得知,淀粉可分为直链淀粉和支链淀粉两种。支链淀粉遇碘呈紫红色。直链淀粉与碘作用呈现蓝色。不同植物淀粉中直链淀粉和支链淀粉的比例不同。淀粉遇碘呈现的最终颜色取决于该淀粉中直链淀粉与支链淀粉的比例。此外,天然淀粉中还含有油脂。碘溶于油脂中,会使溶液呈现红色至橙红色的颜色。先后采用红薯淀粉、玉米淀粉、小麦淀粉和马铃薯淀粉进行实验。结果发现,只有马铃薯淀粉会使混合溶液瞬变为蓝黑色,符合碘时钟实验的要求。

(3)试剂用量及配比

根据反应机理,对果蔬碘时钟实验中的等待期和变色期进行调整,以达到预期的实验现象。调整方法是:增加果蔬汁体积延长等待期,反之亦然。增加双氧水体积缩短变色期和等待期,反之亦然。加热条件能同时缩短等待期和变色期。根据这种调整方法,经过数次尝试,得到了以下微量实验方案。

【主要实验原料】

市售水果和蔬菜若干种、市售碘酊、市售纯净水、过氧化氢消毒液、市售马铃薯淀粉、3 mol·L^{-1}硫酸。

【主要实验器材】

有刻度的塑料滴管、量筒、烧杯、玻璃棒、榨汁机、石棉网、三脚架、酒精灯。

【实验准备】

1. 稀释碘酊溶液:将市售碘酊和纯净水按照 1∶6 的体积比稀释,备用。

2. 配制马铃薯淀粉溶液:取 10 g 马铃薯淀粉放入 200 mL 冷水中搅拌

均匀。加入 300 mL 沸水搅拌均匀(如果将马铃薯淀粉直接倒入沸水后搅拌,粉末状的马铃薯淀粉会凝结成块状,不利于淀粉溶液的形成)。冷却后加入 3 mol·L⁻¹ 硫酸溶液 10 mL。

3. 制备果蔬汁:将水果和蔬菜剥皮去核,用榨汁机榨取汁液,静置,取清液备用。

4. 贴标签:给烧杯和塑料滴管分别贴上相应标签,防止混用。

【实验步骤】

1. 配制溶液 A:取 10 滴稀释后的碘酊溶液,向其中逐滴加入果蔬原汁,边加边振荡,直到碘酊溶液刚好褪色或者颜色突然变浅(果蔬汁的具体滴数详见表 3-5-1),得到溶液 A。将其加热至微沸。

2. 配制溶液 B:取 10 滴过氧化氢消毒液,10 滴 3 mol·L⁻¹ 硫酸和 2 mL 马铃薯淀粉溶液混合。得到溶液 B。将其加热至微沸。

3. 将溶液 B 快速倒入溶液 A,同时启动秒表计时,观察溶液变色时间及变色现象。

【实验现象】实验结果如表 3-5-1 所示。

表 3-5-1　果蔬碘时钟微量实验方案及实验现象

溶液 A				溶液 B			实验现象
果蔬	颜色	用量/d	碘酊/d	硫酸/d	淀粉/mL	过氧化氢/d	
猕猴桃	乳白色	15	10	10	2	10	8 s 左右变蓝
柠檬	乳白色	15	10	10	2	10	8 s 左右变蓝
橙子	橙色	17	10	10	2	10	15 s 左右变蓝黑
芒果	橙色	25	10	10	2	10	10 s 左右变蓝黑
夏黑	浅粉	32	10	10	2	10	15 s 左右变蓝
胡萝卜	橙红色	35	10	10	2	10	20 s 左右变蓝黑
红椒	橙红色	15	10	10	2	10	12 s 左右变蓝紫

(4)果蔬碘时钟实验方案

微量实验用于初步探究果蔬碘时钟实验中的试剂用量及其配比,不便于演示和表演。在微量实验成功之后,又将试剂扩大倍数,改为常量实验。根据实验原理对试剂用量做了微调。同时对温度条件做了调整。为了简化操作,实验时将 A、B 溶液加热至微沸,从而省去使用温度计的操作。但是,微沸条件下,有可能会发生一系列副反应,比如果蔬汁中的还原性成分被氧化或者分解,双氧水发生分解,碘遇淀粉变成的蓝色消失等。因此,常量实验方案的探究中,将加热至微沸条件改为加热至 30 ℃左右。这一改变不但可以减少副反应发生,而且使得该实验在夏天演示效果更好。因为夏天温度经常在 30 ℃左右,正是水果蔬菜大量上市的季节。在夏天做此实验,既可以省去加热操作,又可以设计生动有趣富有生活气息的实验情境。

表 3-5-2　果蔬碘时钟常量实验方案及实验现象

溶液 A				溶液 B			实验现象
果蔬	颜色	用量 /mL	碘酊 /mL	硫酸 /mL	淀粉 /mL	过氧化氢 /mL	
猕猴桃	无色	8	3	3	15	5	13 s 左右瞬变
柠檬	无色	30	3	3	15	5	8 s 左右瞬变
胡萝卜	橙色	30	3	3	15	5	16 s 左右瞬变
红椒	浅红	4	3	3	15	5	15 s 左右瞬变

常量试验发现,用红辣椒、胡萝卜、柠檬汁和猕猴桃做的演示效果较好。具体实验方案为:按照表 3-5-2 所示用量配制溶液 A 和溶液 B。分别将两种溶液加热至 30 ℃左右。将溶液 B 倒入溶液 A,同时启动秒表计时,观察溶液变色时间及变色现象。红辣椒和胡萝卜的碘时钟实验现象是橙红色溶液静置一段时间后变为黑色。猕猴桃和柠檬的碘时钟实验现象是乳白色溶液静置一段时间后变为蓝色。

(二) 果蔬碘时钟实验的最佳方案

从实验现象来看,表 3-5-2 所示的四种果蔬碘时钟实验均能取得理想的实验效果。但是,一个好的趣味表演实验,除了考虑实验现象以外,还要考虑主要实验原料的购买成本、购买渠道以及原料的安全性。原料成本低有助于扩大试剂用量,提升视觉效果。原料购买方便有利于扩大实验的普及面。原料安全性高有利于提高观众的参与度。

表 3-5-2 所示的四种水果蔬菜中,红辣椒和胡萝卜具有汁液颜色鲜艳、原料成本低、安全性高、购买方便的优点。但是这两个方案都要用到硫酸溶

液。它是实验室里的化学试剂,既不方便购买,也不安全。于是,将淀粉溶液的酸化试剂由硫酸改为醋精(总酸含量≥30 g/100 mL)。结果发现红辣椒碘时钟实验依然能取得理想的实验效果。而胡萝卜碘时钟实验换成醋精之后,变色过程为渐变,不是瞬变。综合多方面因素发现,红辣椒是演示碘时钟实验的最佳原料。

本实验还可引发很多后续研究。首先,从科学教育的视角进行教学设计。将果蔬碘时钟实验用于诸多科学教育活动,比如化学动力学问题的探究、中小学的趣味实验表演、面向公众的科普宣传活动等。其次,柠檬、猕猴桃、胡萝卜、芒果、橙子、夏黑葡萄等水果也能产生碘时钟实验的类似现象。但这些水果的瞬变实验现象还有待优化。最后,富含还原性物质的水果蔬菜品种繁多,本实验仅试验了其中的十余种,其他水果和蔬菜在碘时钟实验中的探究设计还有待深入研究。

实验 3.5.2　果蔬彩瓶子

根据蓝瓶子实验基本原理,采用生活中常见水果和蔬菜、颗粒状管道通疏通剂和亚甲基蓝鱼缸消毒剂代替化学试剂进行实验,得到了与经典蓝瓶子实验类似的有趣现象。本实验在重现经典的同时,不但使"蓝瓶子"变成"彩瓶子",而且还直观地诠释了化学与生活的紧密联系,融知识性、趣味性和绿色化于一体。实验操作安全,主要实验原料来源于生活,方便易得。本实验可广泛用于各级各类科学教育教学活动中。

一、实验简介

【主要实验原料】
市售水果和蔬菜若干种、颗粒状管道通疏通剂、纯净水、亚甲基蓝粉末。

【主要实验器材】
一次性塑料滴管、烧杯、玻璃棒、试管、榨汁机、家用电子秤、石棉网、三脚架、酒精灯、火柴。

【实验准备】
1. 配制饱和亚甲基蓝溶液:亚甲基蓝是一种鱼缸消毒剂,在花鸟虫鱼市场可以购买。取适量亚甲基蓝粉末,溶解于纯净水中,配制成深蓝色饱和溶液。静置一段时间,取上层清液备用。

2. 配制 10% 管道通溶液：在超市可以购买颗粒状管道通疏通剂。取适量管道通固体，用镊子剔除其中的金属颗粒。称取 10 g 不含金属颗粒的管道通固体溶于 100 mL 纯净水中，搅拌使其充分溶解。

3. 配制水果、蔬菜汁液：将蔬菜、水果分别榨取汁液，静置，取上层清液，将清液与纯净水按照 1∶3 的体积之比进行稀释，备用。

4. 搭建水浴装置：将装有水的大烧杯放在垫有石棉网的三脚架上，点燃酒精灯加热。

【实验步骤与实验现象】

取 3 mL 稀释后的汁液于试管中。加入 10 滴 10% 管道通溶液。再加入 15 滴～30 滴不等的亚甲基蓝溶液（详见表 3-5-3 表 3-5-4）。振荡试管，观察溶液颜色变化。将试管放在水浴中静置，观察溶液颜色变化。待溶液颜色恢复至振荡前的颜色，再次振荡试管，观察颜色变化。振荡和静置操作可重复多次。

表 3-5-3　水果彩瓶子实验方案及实验现象

水果		10%管道通溶液	亚甲基蓝		实验现象	
名称	果汁颜色	溶液颜色*	用量/滴	溶液颜色≠	振荡后	静置后
梨子	无色	米色	15	湖蓝	湖蓝	米色
红提	无色	无色	15	湖蓝	湖蓝	无色
苹果	无色	米黄	15	湖蓝	湖蓝	米黄
猕猴桃	无色	无色	25～30	湖蓝	湖蓝	无色
枣子	乳白	驼色	15～20	墨绿	墨绿	驼色
山楂	橙黄	咖啡色	15～20	墨绿	墨绿	咖啡色
橙子	米色	黄	15～20	黄绿	黄绿	黄
红柚	浅粉	米黄	15～20	宝石绿	宝石绿	米黄
火龙果&	玫红	深米色	20	果绿	果绿	米黄

注：* 加入 10% 管道通溶液之后溶液呈现的颜色。≠ 加入亚甲基蓝溶液之后溶液呈现的颜色。亚甲基蓝的蓝色深浅会给溶液颜色带来一定色差。& 火龙果汁中加入管道通溶液后，颜色依次变为酒红、深紫、深米色。

表 3-5-4　蔬菜彩瓶子实验方案及实验现象

蔬菜		10％管道通溶液	亚甲基蓝		实验现象	
名称	初始颜色	溶液颜色＊	用量/滴	溶液颜色♯	振荡后	静置后
西芹	淡绿	黄绿	15～20	蓝绿	蓝绿	黄绿
圆白菜	米色	淡黄	10～15	湖蓝	湖蓝	淡黄
西红柿	浅粉	浅绿色	10	湖蓝	湖蓝	浅绿
胡萝卜	橙色	橙色	10～15	军绿	军绿	橙色
青菜	黄绿	黄绿	15～20	草绿	草绿	黄绿
黄瓜	黄绿	黄绿	20	草绿	草绿	黄绿
紫甘蓝&.	紫	黄	35	草绿	草绿	黄

注：＊加入 10％管道通溶液之后溶液呈现的颜色。♯加入亚甲基蓝之后溶液呈现的颜色。亚甲基蓝的蓝色深浅会给溶液颜色带来一定色差。&.：紫甘蓝汁中加入管道通溶液后颜色先是深绿色，之后转变为黄色。

果汁和蔬菜汁本身有颜色，向汁液中加入一定量的管道通溶液后振荡，部分汁液颜色发生变化，产生的颜色以黄色系为主。说明这些果蔬汁中含有酸碱指示剂的成分，在碱性溶液中显黄色或者近黄色。实验中发现，紫甘蓝与火龙果的情况较为特殊。当 10 滴 10％管道通溶液加入以后，紫甘蓝汁的颜色先为墨绿色。静置几分钟后，墨绿色逐渐变为黄色。火龙果汁也有类似现象。加入 10 滴 10％管道通溶液加入以后，火龙果汁的颜色为深紫色。静置几分钟后，深紫色逐渐变为米黄色。

在滴加管道通溶液之后，再向果蔬汁液中滴加适量亚甲基蓝溶液，振荡后，汁液出现明显的颜色变化。该颜色一般为汁液原有颜色与蓝色的混合色。加热静置后，亚甲基蓝被还原性糖类物质和维生素 C 还原成亚甲基白，蓝色褪去，于是，果蔬汁液在碱性条件下的颜色又恢复，再振荡又会出现原有颜色与蓝色的混合色。振荡变色静置褪色的现象可以重复发生。

【实验说明】

1. 颗粒状管道通疏通剂的主要成分是氢氧化钠，还含有较多铝粒。当管道通固体溶于水后，铝粒会与氢氧化钠溶液发生反应，影响所配溶液的浓度，因此在配制溶液前需将铝粒剔除。配制管道通溶液时要佩戴胶皮手套和护目镜。

2. 室温低时需要水浴加热。溶液加热一次即可,受热后的溶液在后续操作中不用再加热。当室温较高时,可以省去搭建水浴装置这一步。

3. 此实验若演示给初三年级以下儿童,应隐去商品名称和标识,以防其模仿,在家中任意混合液体。详见本书第 5 章第 3 节《教学原则》(安全性)。

二、实验设计解析

最早的蓝瓶子实验以葡萄糖为原料。实验现象如图 3-5-1 所示。含有亚甲基蓝的碱性葡萄糖溶液显蓝色,静置后蓝色褪为无色。振荡后,蓝色又出现。重复静置和振荡操作,溶液颜色在蓝色和无色之间交替出现。

$$无色 \overset{振荡}{\underset{静置}{\rightleftharpoons}} 蓝色$$

图 3-5-1 蓝瓶子实验现象

亚甲基蓝是一种氧化还原指示剂,溶于水形成蓝色溶液。在碱性溶液中,亚甲基蓝很容易被葡萄糖还原为无色的亚甲基白。振荡使氧气进入溶液,将亚甲基白氧化为亚甲基蓝,溶液又恢复蓝色。静置溶液,当氧气被反应完毕,亚甲基蓝又被葡萄糖还原为亚甲基白,溶液褪为无色。若重复振荡和静置溶液,其颜色可以重复变化,出现图 3-5-1 所示的现象。上述反应机理如下所示:

$$CH + OH^- \rightleftharpoons C^- + H_2O$$

$$O_2 + D \longrightarrow D_{OX}$$

$$D_{OX} + C^- \longrightarrow x^- + D$$

上式中 CH 为葡萄糖。C^- 为葡萄糖与碱反应的产物。D 为亚甲基白(无色),D_{OX} 为亚甲基蓝(蓝色),x^- 为葡萄糖的氧化产物。

在葡萄糖体系的蓝瓶子实验中,葡萄糖是还原剂。我们知道,维生素 C 也具有还原性,因此能够替代葡萄糖,发生蓝瓶子实验的反应。跟葡萄糖类似,在蓝瓶子实验中,亚甲基蓝被 Vc 还原为亚甲基白,振荡溶液溶入氧气,氧气又把亚甲基白氧化为亚甲基蓝。实验机理如图 3-5-2 所示。

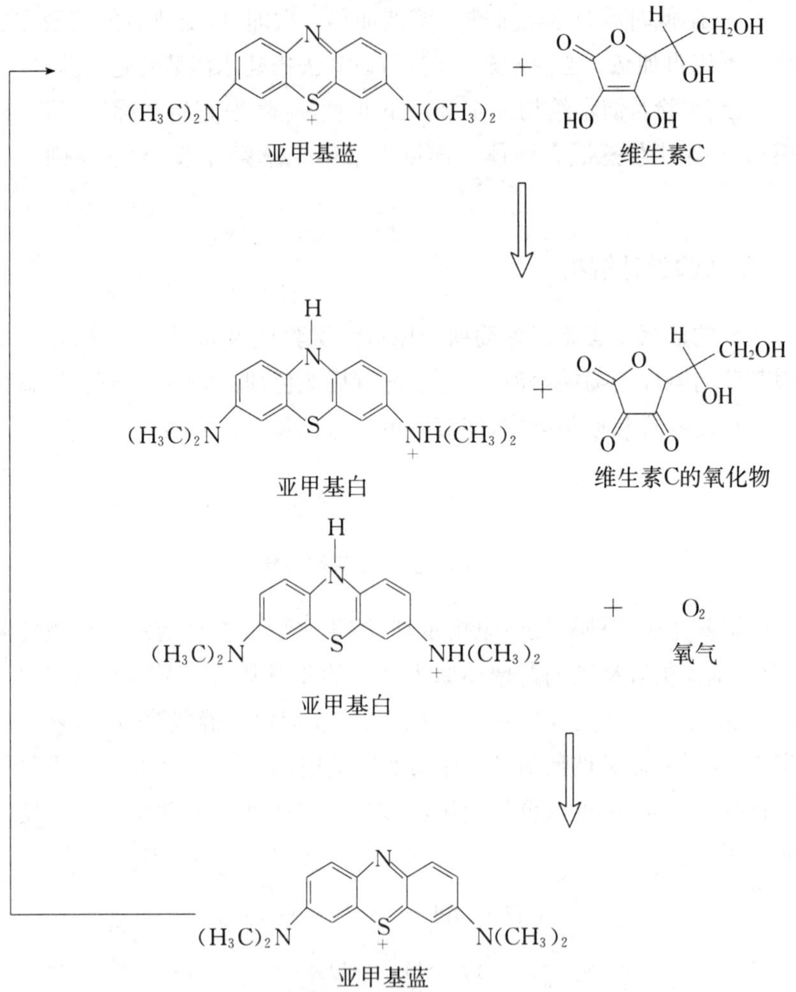

图 3-5-2　维生素 C 体系的蓝瓶子实验原理

　　从反应机理可以看出,葡萄糖、维生素 C 之类的还原性物质是蓝瓶子实验的主要反应物。蔬菜和水果中均富含此类还原性物质,因此可替代葡萄糖和维生素 C,发生蓝瓶子实验的反应。

第 6 节　以海带为原料的实验

实验 3.6.1　灰化法海带提碘实验

海带营养价值高,含有丰富的矿物质元素。海带植物细胞中碘元素含量一般在 0.3％以上,最高可达 0.9％。碘元素的存在形式有 88.3％为碘离子,10.3％为有机碘,1.4％为 IO_3^-。因此,海带可作为提取碘单质的原料。

一、实验简介

【主要实验原料】

干海带碎末、50％乙醇溶液、蒸馏水、$0.2\ mol\cdot L^{-1}$ 铁盐溶液、CCl_4。

【主要实验器材】

蒸发皿、酒精灯、火柴、三脚架、泥三角、通风橱、玻璃棒、小量筒、滤纸、三角漏斗、铁架台、滴管、分液漏斗。

【实验步骤与实验现象】

蒸发皿中灼烧海带 30 分钟,用 15 mL 蒸馏水溶解海带灰,不加热直接过滤,用 20 滴 50％乙醇溶液润洗滤纸上的残留物。向滤液中加入等体积 $0.2\ mol\cdot L^{-1}$ 铁盐进行氧化。充分反应后将混合溶液转入分液漏斗,加入 3 mL CCl_4 充分振荡,倒出再次过滤,再用 3 mL CCl_4 润洗,将滤液倒入分液漏斗中进行萃取。

【实验说明】

本实验方案为通过正交试验法研究出来的方案,并不是灰化法海带提碘实验的唯一方案。该方案萃取后 CCl_4 层紫红色较深,实验成功率高,实验耗时短。四氯化碳有毒,使用时不宜过量,并做好废液处理工作。

二、实验设计解析

采用灰化法从海带中提取碘的实验步骤较多,涉及样品处理、灰化、溶解、加热、过滤、酸化、氧化、萃取等操作,很容易出现萃取后有机层无色或者仅有淡粉色的现象,从而导致实验失败。这说明在实验过程中,有些操作造成了碘元素流失。为了提高海带提碘实验的成功率,采用正交试验法对该实验中引起碘流失的操作步骤进行了探究。灰化法提取海带中的碘,需要经历八个步骤。除了最后的萃取步骤以外,其他七个操作均有可能造成碘的流失。首先对碘流失原因进行理论探讨,为正交试验的设计方案提出研究假设。

(一)理论推导与研究假设

1. 样品处理

不同海藻植物含碘量差别很大,海带中的碘不但含量高,而且 99.2% 的碘都可溶于水。在海带滤出液的可溶碘中,I^- 约占 61%~93%,有机碘约为 5.5%~37.4%,IO_3^- 的含量约为 1.4%~4.5%。因此,采用灰化法处理海带样品时,若用水洗涤海带,会导致碘元素流失。

2. 灼烧灰化

从海带中无机碘化物的变化来看,灰化过程会产生两个相反结果。一方面使有机碘转化为无机碘,增加无机碘化物含量。另一方面,海带中的碘元素主要以无机碘化物形式存在。碘离子半径大,易被极化,导致无机碘化物共价性强,热稳定性差。此外,碘离子具有还原性,灼烧灰化是氧化过程。灰化过程有可能造成无机碘化物的分解、挥发或者氧化,引起碘元素流失。

3. 溶解海带灰

海带灰溶于水后,会发生一系列错综复杂的化学反应。首先从原理上分析标准态下的反应。① 海带灰中含有碳酸盐,碳酸盐溶于水后水解呈弱碱性。② 已知 $E^\ominus(I_2/I^-)=0.535\,5$,$E_B^\ominus(IO_3^-/I_2)=0.216$,$E_A^\ominus(IO_3^-/I_2)=1.209$,从电极电势数据来看,标准态时,在碱性条件下,$I_2$ 会歧化成 I^- 和 IO_3^-。酸性条件下,I^- 和 IO_3^- 发生反歧化反应,生成 I_2。③ 已知 $E^\ominus(I_2/I^-)=0.535\,5$,$E_A^\ominus(O_2/H_2O)=1.229$,$E_B^\ominus(O_2/OH^-)=0.400\,9$,从电极电势数据来看,标准态时,$I^-$ 在酸性条件下很容易被氧气氧化成 I_2,碱性条件下则不能被氧气氧化。④ 除了碘元素以外,海带中还富含铁元素。每克干海带中的铁含量为 1.44 mg,相比于碘元素含量 3~7 mg/g 干海带,海带中的铁含量不容忽视。已知 $E^\ominus(I_2/I^-)=0.535\,5$,$E^\ominus(Fe^{3+}/Fe^{2+})=0.769$,从电极电势来看,标准态下,碘离子能被三价铁氧化成单质碘,该反应不受 pH 影响。⑤ I_2 与 I^- 结合生成 I_3^-,使单质碘能够稳定存在。

海带灰的实际成分比较复杂,除了上文提及的无机物以外,还有其他无机物和大量有机物。各离子浓度无从考证,各反应之间还会相互影响。因此,很难从原理上准确判断海带灰溶解这一步究竟有哪些反应是实际发生的。但是,从以上分析可以得到两点初步推论:第一,碱性条件有利于增加碘离子含量。因为碱性条件下,I_2 会歧化生成 I^-;I^- 不易被空气氧化;Fe^{3+} 会生成沉淀,降低其氧化 I^- 的能力。第二,存在多种平衡。可以相互反应的离子能共存,说明离子间存在化学平衡。海带灰溶液中 Fe^{3+} 和 I^- 共存,I^- 和 IO_3^- 共存,很有可能会存在单质碘,溶液中的大量 I^- 又增加了 I_2 的稳定性。I_2 与这些离子处于溶解平衡状态。

用碱液溶解海带灰有利有弊。一方面,碱性条件有利于增加碘离子含量。但是,海带灰溶液已显碱性,加碱液仅仅是增强碱性。另一方面,由于大量单质碘只能在酸性条件下析出。碱性条件使得酸化和氧化中需要额外加酸,从而增加了 pH 控制难度,降低了实验成功率。

4. 煮沸海带灰溶液

海带灰中含有碳酸盐,溶于水后呈弱碱性,使碘单质发生歧化反应。煮沸能够促进碳酸盐水解,提高溶液碱性。但是,该歧化反应在常温下即可进行,无须加热。煮沸还可能导致碘元素随水蒸气而挥发。

5. 过滤海带灰溶液

由前文分析可知,在前面的操作步骤中,很可能会产生单质碘。因此,在过滤海带灰溶液时,要用有机溶剂润洗滤纸上的残留物。

6. 酸化与氧化

酸化与氧化是海带提碘实验非常关键的一步。酸化氧化的目的是将 I^- 氧化成 I_2,而不能将 I_2 氧化成 IO_3^-。因此,氧化剂的氧化能力既不能太强,也不能太弱。氧化剂及酸度选择可从电极电势数据来推导。无机化学上有一条经验判据,根据标准态下原电池电动势 $E_{MF}^{\ominus}$(数值上等于氧化剂电对和还原剂电对的标准电极电势之差)来判断氧化还原反应的方向。当 $E_{MF}^{\ominus} > 0.2$ 时,氧化还原反应可以发生。根据这一判据来分析双氧水作氧化剂是否合适。已知 $E^{\ominus}(I_2/I^-) = 0.5345$,$E_A^{\ominus}(IO_3^-/I_2) = 1.209$,$E_A^{\ominus}(H_2O_2/H_2O) = 1.763$。用双氧水作氧化剂时,$E_A^{\ominus}(H_2O_2/H_2O)$ 不但远远大于 $E^{\ominus}(I_2/I^-) = 0.5345$,而且与 $E_A^{\ominus}(IO_3^-/I_2)$ 的数值之差也大于 0.2,说明双氧水能将单质碘进一步氧化成 IO_3^-。要想阻止进一步氧化,就要降低双氧水的浓度和溶液酸度。因此,双氧水作为氧化剂时要严格控制溶液酸度和浓度,否则会降低碘的析出率。再根据上述判据,电极电势介于 0.734 5 和 1.009 之间的电对最符合海带提碘实验的氧化要求。在中学化学的常见氧化剂中,$E^\ominus(Fe^{3+}/Fe^{2+})=0.769$,正好满足要求,且铁盐溶液因水解而显酸性。$Fe^{3+}/Fe^{2+}$ 电对的电极电势不受 pH 影响,氧化时无须控制溶液酸度。综合起来考虑,铁盐是比双氧水更好的氧化剂①。

(二) 正交试验设计

前文分析发现,海带提碘实验中,有些条件对实验结果的影响相反,有些步骤之间相互关联。基于上述分析,设计了 7 因素 2 水平正交试验方案 $L_8(2^7)$。以萃取后 CCl_4 层颜色深浅为判据,通过正交试验发现各实验条件对实验结果的影响力大小,从而探究海带提碘实验中引起碘元素流失的操作步骤,同时获得海带提碘实验的最佳方案。

表 3-6-1   灰化法海带提碘正交试验因素水平表

	A 灰化容器	B 灰化时间	C 海带灰溶解液	D 加热条件	E 过滤润洗液	F 酸化试剂	G 氧化剂
1	坩埚	30 分钟	15 mL 蒸馏水	不加热	20 滴 50%乙醇	15 滴 3 mol·L⁻¹ H₂SO₄	1 mL10% H₂O₂
2	蒸发皿	60 分钟	15 mL 0.1 mol·L⁻¹ NaOH 溶液	沸腾 2~3 分钟	20 滴 蒸馏水	10 滴 3 mol·L⁻¹ H₂SO₄	0.2 mol·L⁻¹ 铁盐溶液 与海带滤液 1:1 混合

根据 7 因素 2 水平正交试验 $L_8(2^7)$ 表格设计灰化法海带提碘实验的正交试验方案,实验安排如表 3-6-2 所示。

---

①   详细推导见实验 3.6.2

表 3-6-2 灰化法海带提碘实验 $L_8(2^7)$ 安排表

序号	A 灰化容器	B 灰化时间	C 溶解海带灰	D 处理海带灰溶液	E 过滤润洗液	F H_2SO_4 溶液酸化	G 氧化
1	1 (坩埚)	1 (30 min)	1 (15 mL 水)	1 (不加热)	1 (20 d 50%乙醇)	1 (15 滴)	1 (1 mL10% H_2O_2)
2	1 (坩埚)	1 (30 min)	1 (15 mL 水)	2 (沸腾 2～3 min)	2 (20 d 水)	2 (10 滴)	2 (0.2 mol·L^{-1} 铁盐溶液与海带滤液 1∶1 混合)
3	2 (蒸发皿)	1 (30 min)	2 (15 mL 0.1 mol·L^{-1} NaOH)	1 (不加热)	2 (20 d 水)	1 (15 滴)	2 (0.2 mol·L^{-1} 铁盐溶液与海带滤液 1∶1 混合)
4	2 (蒸发皿)	1 (30 min)	2 (15 mL 0.1 mol·L^{-1} NaOH)	2 (沸腾 2～3 min)	1 (20 d 50%乙醇)	2 (10 滴)	1 (1 mL 10% H_2O_2)
5	1 (坩埚)	2 (60 min)	2 (15 mL 0.1 mol·L^{-1} NaOH)	1 (不加热)	1 (20 d 50%乙醇)	2 (10 滴)	2 (0.2 mol·L^{-1} 铁盐溶液与海带滤液 1∶1 混合)
6	1 (坩埚)	2 (60 min)	2 (15 mL 0.1 mol·L^{-1} NaOH)	2 (沸腾 2～3 min)	2 (20 d 水)	1 (15 滴)	1 (1 mL 10% H_2O_2)
7	2 (蒸发皿)	2 (60 min)	1 (15 mL 水)	1 (不加热)	2 (20 d 水)	2 (10 滴)	1 (1 mL 10% H_2O_2)
8	2 (蒸发皿)	2 (60 min)	1 (15 mL 水)	2 (沸腾 2～3 min)	1 (20 d 50%乙醇)	1 (15 滴)	2 (0.2 mol·L^{-1} 铁盐溶液与海带滤液 1∶1 混合)

实验原料与实验试剂：某超市购买的干海带、50%乙醇溶液、蒸馏水、0.1 mol·L^{-1}氢氧化钠溶液、0.2 mol·L^{-1}铁盐溶液、10%过氧化氢溶液、3 mol·L^{-1}稀硫酸、四氯化碳。

实验器材：牙刷、剪刀、天平、称量纸、蒸发皿、坩埚、坩埚钳、三脚架、泥三角、酒精灯、石棉网、玻璃棒、烧杯、三角漏斗、分液漏斗、量筒、滴管、滤纸、试管、试管架、通风橱。

实验步骤：

1. 用牙刷刷净干海带表面的附着物，不要用水冲洗，用剪刀将海带剪碎；

2. 称取 3 g 干海带碎末，用 2 mL 酒精润湿，在通风橱中用酒精灯加热；

3. 待海带灰冷却后将其全部转入小烧杯中，溶解，搅拌；

4. 过滤海带灰溶解液，并润洗滤纸上的残留物；

5. 向滤液中加入 3 mol·L^{-1} H$_2$SO$_4$ 溶液，边滴边搅拌；

6. 向滤液中加入氧化剂，边滴边搅拌；

7. 将滤液移入分液漏斗，加入 3 mL CCl$_4$ 充分振荡，过滤混合溶液，再用 3 mL CCl$_4$ 洗涤滤纸，将滤液倒入分液漏斗进行萃取。

以上每个步骤的操作细节如表 3-6-2 所示。一共做 8 组平行实验。根据萃取后 CCl$_4$ 层紫红色的深浅程度对实验质量打分。紫红色越深，得分越高。

（三）正交试验结果及数据处理

表 3-6-3　灰化法海带提碘 L$_8$(2^7) 正交试验结果表

序号	A 灰化容器	B 灰化时间	C 溶解海带灰	D 加热条件	E 过滤润洗	F H$_2$SO$_4$ 溶液酸化	G 氧化	实验评分
1	1	1	1	1	1	1	1	95
2	1	1	1	2	2	2	2	90
3	2	1	2	1	2	1	2	90
4	2	1	2	2	1	2	1	90
5	1	2	2	1	1	2	2	95
6	1	2	2	2	2	1	1	30
7	2	2	1	1	2	2	1	90
8	2	2	1	2	1	1	2	90
I$_j$	310	365	365	370	370	305	305	海带提碘实验的最佳条件：A$_2$B$_1$C$_1$D$_1$E$_1$F$_2$G$_2$
II$_j$	360	305	305	300	300	365	365	
R$_j$	50	60	60	70	70	60	60	

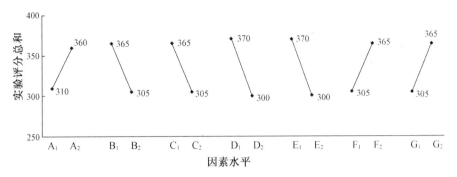

图 3-6-1　因素水平与实验评分总和的关系

以每个因素水平为横坐标,以该因素水平在正交试验中的实验评分总和为纵坐标,得到图 3-6-1。从图中可以直观地看出灰化法海带提碘实验的最佳条件组合是 $A_2B_1C_1D_1E_1F_2G_2$。

从极差值 R_j 可以看出,各实验条件对实验结果影响程度的主次排序依次为:过滤润洗液＝加热条件＞灰化时间＝海带灰溶解液＝3 mol·L^{-1} H_2SO_4 的滴数＝氧化剂＞灰化容器[①]。CCl_4 层紫红色最深的实验条件是 $A_2B_1C_1D_1E_1F_2G_2$,即蒸发皿中灼烧海带 30 分钟,用 15 mL 蒸馏水溶解海带灰,不加热直接过滤,20 滴 50% 的乙醇溶液作为润洗液,在得到的海带滤液中加入 10 滴 3 mol·L^{-1} H_2SO_4 酸化,用 0.2 mol·L^{-1} 铁盐作为氧化剂,与海带灰滤液等体积混合。充分反应后将混合溶液转入分液漏斗,加入 3 mL CCl_4 充分振荡,倒出再次过滤,再用 3 mL CCl_4 润洗,将滤液倒入分液漏斗中进行萃取。按照此最佳方案进行实验,萃取后 CCl_4 层的紫红色比正交方案中的第 1 组和 5 组颜色更深。

(四) 相关讨论

正交试验结果显示,七个实验操作对实验结果有三种程度影响。影响最大的实验条件是用 50% 乙醇溶液润洗和溶解海带灰时不加热。碘在酒精中的溶解度大于在水中的溶解度,用 50% 乙醇溶液润洗滤纸上的残留物能够增加萃取后 CCl_4 层的紫红色,说明过滤时在滤纸上留有单质碘。一共做过四种不同的海带提碘正交试验。每次试验均比较了不同润洗液的作用。结果都显示,用 20 滴 50% 乙醇溶液润洗滤纸上的残留物能够增加

---

　① 等号连接的实验条件对实验结果有同等程度的影响

CCl₄ 层紫红色的深度,说明在灰化法海带提碘实验中,在过滤之前就已经有单质碘生成。不加热会使萃取后 CCl_4 层的颜色更深,说明煮沸海带灰溶液时,碘元素会随着水蒸气而挥发,从而会造成碘元素流失。

　　影响居中的实验条件是灰化 30 分钟,用蒸馏水溶解海带灰,酸化时加入 10 滴 3 mol·L^{-1} H$_2$SO$_4$,用铁盐作氧化剂。灰化时间长反而不利于实验结果,说明燃烧海带时,刚开始有机碘转化为无机碘化物,继续灼烧会导致碘元素流失。为了验证海带灰中是否含有碳酸盐,向海带灰水溶液中加入 3 mol·L^{-1} H$_2$SO$_4$,发现有气泡产生,证明海带灰中确实含有碳酸盐。海带灰中碳酸盐水解产生的碱性已经满足实验所需 pH,没必要再另外加入碱液。用双氧水作氧化剂时,10 滴效果比 15 滴更好,说明酸性越强,双氧水的氧化能力越强,存在过度氧化的可能性。此次正交试验的步骤 5 中,没有设置不加酸的因素水平,因此无从比较酸度对铁盐作氧化剂的实验效果。为此又做了以下对比实验:在蒸发皿中灼烧海带 30 min,用 15 mL 水溶解海带灰,不加热直接过滤,用 20 滴 50％乙醇溶液润洗滤纸上的残留物,将滤液分为两份,一份中加入 10 滴 3 mol·L^{-1} H$_2$SO$_4$ 酸化,用铁盐作氧化剂,充分反应后萃取,另一份中不加 H$_2$SO$_4$ 酸化,直接用铁盐作氧化剂,充分反应后萃取。实验结果显示,两份溶液最终的萃取效果没有显著差别。用铁盐作氧化剂时,酸度不会影响 CCl$_4$ 层的颜色深浅。因此,可以删去酸化这一操作,从而简化实验过程,提高实验成功率。对实验结果影响最小的是灰化容器,蒸发皿比坩埚更好。说明蒸发皿与空气接触面积大,比坩埚更能促进海带的充分燃烧,提高有机碘转化率。

　　灰化法海带提碘实验操作步骤多,影响因素复杂。除了本次正交试验考虑的七个因素以外,还有其他很多因素有待验证,比如海带产地、实验样品取自海带不同部位、双氧水浓度、酸的类型与浓度、氧化剂类型与浓度、萃取剂类型、用量及萃取次数,过滤润洗液的类型与浓度,水浸法提取碘等。另外,本次正交试验在评分时没有考虑萃取后上层清液的颜色。因此,从海带中提取碘的正交试验方案可以有多种设计,这是后续研究的方向与内容。

实验 3.6.2　水浸法海带提碘实验

　　海带提碘实验一般采用灰化法进行。但是这种方法耗时长,实验操作复杂,对实验操作技能要求高,实验成功率却不高。而水浸法则不存在上述问题,并且可以采用生活中的原料将海带中的碘提取出来。

一、实验简介

【主要实验原料】

干海带、$0.2\ mol\cdot L^{-1}$ 铁盐溶液、醋精(总酸含量≥30 g/100 mL)、CCl_4。

【主要实验器材】

牙刷、剪刀、小烧杯、天平、玻璃棒、分液漏斗、量筒、滴管、铁架台。

【实验步骤与实验现象】

1. 取半根干海带,用牙刷刷净表面附着物,剪碎。称取 5 g 干海带碎末放入小烧杯中。

2. 向小烧杯中加入 25 mL 蒸馏水,浸泡海带碎末,不断搅拌 2 分钟。用倾析法取出 15 mL 海带浸提液于另一个小烧杯中。

3. 向浸提液中加入 15 滴醋精,边滴边搅拌。

4. 向浸提液中加入 4 mL $0.2\ mol\cdot L^{-1}$ 铁盐溶液,边滴边搅拌。

5. 将小烧杯中的溶液移入分液漏斗,加入 2 mL CCl_4 进行萃取。

萃取后分液漏斗中出现分层现象。底部是四氯化碳层,呈现较深的紫红色,说明单质碘被萃取出来。上层是水层,呈现深黄色。

【实验说明】

四氯化碳有毒,使用时不可过量。萃取液不可随意倾倒,必须放入指定容器中由专人进行废液处理。

二、实验设计解析

中学化学教材中,从海带中提取碘的一般实验步骤为:

1. 取 3 g 干海带,用刷子把干海带表面的附着物刷净(不要用水洗)。将海带剪成小块,用酒精润湿后,放在坩埚中。

2. 在通风橱中,用酒精灯灼烧盛有海带的坩埚,至海带完全成灰,停止加热,冷却。

3. 将海带灰转移到小烧杯中,向烧杯中加入 10 mL 蒸馏水,搅拌,煮沸 2~3 min,过滤。

4. 向滤液中滴加几滴硫酸,再加入约 1 mL 过氧化氢溶液,观察现象。

5. 取少量上述溶液,滴加几滴淀粉溶液,观察现象。

6. 向剩余的滤液中加入 1 mL 四氯化碳,振荡,静置,观察现象。

7. 回收溶有碘的四氯化碳。

中学化学教材中的实验方案采用灰化法处理海带样品，这种方法会造成碘的较大损失。该实验中用到的原料有干海带、3% H_2O_2 溶液、3 mol·L^{-1} H_2SO_4、NaOH溶液、酒精、淀粉、CCl_4、蒸馏水。本实验方案是对教材中实验的生活化改进。首先，由于海带中的含碘化合物大多可以溶于水，因此可以采用水浸法处理海带样品。其次，3% H_2O_2 溶液可用 0.2 mol·L^{-1} 铁盐溶液替代。3 mol·L^{-1} H_2SO_4 溶液可用醋精替代。醋精的总酸含量≥30 g/100 mL，若将酸性物质都近似看成醋酸，则醋酸浓度约为 5 mol·L^{-1}。

海带提碘实验一般采用双氧水作氧化剂，但其成功率不高，相关的改进方法大多采用经验性的实验试误法，很少有研究从实验原理这一源头切入。鉴于此，对海带提碘实验的氧化条件从原理上加以分析，根据分析结果设计实验加以验证，发现了从海带中提取碘的最佳氧化剂。

（一）理论依据：氧化还原反应的电化学判据

本实验的目的是将 I^- 氧化成 I_2，而 I_2 不被氧化成 IO_3^-。因此要控制条件，使氧化剂的氧化性处于适当区域。氧化性弱的物质不能将 I^- 氧化成 I_2，氧化性强的物质又会将生成的 I_2 进一步氧化成 IO_3^-，造成 I_2 的损失。

无机化学上采用电极电势（E）来判断氧化剂的相对强弱以及氧化还原反应自发进行的方向。氧化剂及其还原产物（或者说还原剂及其氧化产物）构成一个电对，比如 Fe^{3+}/Fe^{2+}，I_2/I^-，IO_3^-/I_2。电对中价态高的物质是氧化型物质，价态低的是还原型物质。每个电对物质的氧化还原能力可通过它的电极电势数据反映出来。电极电势数值越大，则电对中氧化型物质的氧化性就越强，该氧化型物质就是较强的氧化剂。反之，电极电势数值越小，电对中还原型物质的还原性就越强，该还原型物质就是较强的还原剂。将两个电对的物质混合在一起，作为反应物的是 E 值较大的电对中的氧化型物质与 E 值较小的还原型物质。以标准态下的电极电势数据为例，已知 $E^{\ominus}(I_2/I^-)=0.534\,5$，$E^{\ominus}(Fe^{3+}/Fe^{2+})=0.769$，$E_A^{\ominus}(IO_3^-/I_2)=1.209$，因为 $E^{\ominus}(Fe^{3+}/Fe^{2+})=0.769 > E^{\ominus}(I_2/I^-)=0.534\,5$，若将以上两个电对的物质混在一起，作为反应物的是 Fe^{3+} 和 I^-，而 I_2 和 Fe^{2+} 则为产物。或者说，Fe^{3+} 能将 I^- 氧化成 I_2。同理可知，如果将 Fe^{3+}/Fe^{2+} 和 IO_3^-/I_2 这两个电对的物质混在一起，那么反应物为 IO_3^- 和 Fe^{2+}，产物为 Fe^{3+} 和 I_2，或者说

Fe^{3+} 不能将 I_2 氧化成 IO_3^-。因此,在选择氧化剂类型时,电极电势是非常有用的数据。本实验要将 I^- 氧化成 I_2,而不将 I_2 氧化成 IO_3^-,则氧化剂电对的电极电势要介于 I_2/I^- 和 IO_3^-/I_2 这两个电对的电极电势之间。

一个电对的电极电势主要由其构成物质本身决定,其次受外界条件,比如浓度、温度、酸度等影响。因此,选择氧化剂,主要考虑物质类型,然后考虑外界条件。某物质的氧化性强弱可通过标准态下的电极电势数据 $E^{\ominus}$ 加以判断,外界条件的影响可通过能斯特方程进行计算。因此,主要依据 $E^{\ominus}$ 和能斯特方程的计算结果来选择氧化剂和氧化条件。

(二) 原理推导:氧化剂类型选择

首先考虑标准态下(即电对半反应中出现的溶液离子浓度均为 $1.00\ mol \cdot L^{-1}$,气体压强均为 $100\ kPa$),要实现将 I^- 氧化成 I_2,而 I_2 不被进一步被氧化成 IO_3^-,则氧化剂电对的标准电极电势范围是:酸性条件下介于 $E^{\ominus}(I_2/I^-)$ 和 $E_A^{\ominus}(IO_3^-/I_2)$ 之间,碱性条件下介于 $E^{\ominus}(I_2/I^-)$ 和 $E_B^{\ominus}(IO_3^-/I_2)$ 之间。已知 $E^{\ominus}(I_2/I^-)=0.534\ 5$,$E_A^{\ominus}(IO_3^-/I_2)=1.209$,$E_B^{\ominus}(IO_3^-/I_2)=0.216$。比较 $E^{\ominus}(I_2/I^-)=0.534\ 5$ 和 $E_B^{\ominus}(IO_3^-/I_2)=0.216$ 发现,碱性条件下,单质 I_2 会歧化成 IO_3^- 和 I^-。因此,海带中提取碘的氧化条件是酸性环境。下文所述的氧化剂选择就不考虑碱性氧化剂。表 3-6-4 列出了中学化学常见的部分氧化剂,查表 3-6-4 可知,满足上述条件的氧化剂为 Fe^{3+}、MnO_4^-、NO_3^-、HNO_2。为了表述方便,本节将这组氧化剂称为第一组氧化剂。

但是,一般的实验条件都不是标准态。最终的判据是氧化剂电对的实际电极电势(E)。只要 E 介于 $E(I_2/I^-)$ 和 $E(IO_3^-/I_2)$ 之间的氧化剂电对均可达到实验目的。因此,对于标准电极电势大于 $1.209\ V$ 的氧化剂电对,通过控制外界条件,也可以降低电极电势,使其处于 $E(I_2/I^-)$ 和 $E(IO_3^-/I_2)$ 之间。比如 H_2O_2、$Cr_2O_7^{2-}$、Cl_2、MnO_4^-(酸性条件)、ClO_3^-、O_2、MnO_2 等,为了表述方便,本节将这组氧化剂称为第二组氧化剂。

第二组氧化剂电对的标准电极电势超过了 $E_A^{\ominus}(IO_3^-/I_2)$,比第一组氧化剂更容易将 I_2 氧化成 IO_3^-,造成单质碘的损失。因此,如果要使用第二类氧化剂,那么要对其浓度和溶液酸度进行严格控制,降低其电极电势。

(三) 原理推导:离子浓度和溶液 pH 选择

溶液中的离子浓度和 pH 会影响电极电势的数值,通过能斯特方程,可

以计算出非标准态下的电极电势,或者说某实验条件下的电极电势。以 IO_3^-/I_2 为例,该电对的半反应是

$$2IO_3^-(aq) + 12H^+(aq) + 10e^- \rightleftharpoons I_2(aq) + 6H_2O(l),$$

其能斯特方程为

$$E_A(IO_3^-/I_2) = E_A^\ominus(IO_3^-/I_2) + \frac{0.0592}{10}\lg\frac{c(IO_3^-)^2 c(H^+)^{12}}{c(I_2)}$$

将该方程等号右边的第二项拆成浓度项和酸度项,则为

$$E_A(IO_3^-/I_2) = E_A^\ominus(IO_3^-/I_2) + \frac{0.0592}{10}\lg\frac{c(IO_3^-)^2}{c(I_2)} + \frac{0.0592}{10}\lg c(H^+)^{12}$$

$$= E_A^\ominus(IO_3^-/I_2) + \frac{0.0592 \times 2}{10 \times 1}\lg\frac{c(IO_3^-)}{c(I_2)} + \frac{0.0592 \times 12}{10}\lg c(H^+)$$

上式中,体现浓度变化对电极电势影响的关键系数是 $\frac{0.0592 \times 2}{10 \times 1}$,其中,0.0592 是常数,因此最终的决定因素是 $\frac{2}{10 \times 1}$,"1"是 IO_3^-/I_2 电对半反应中还原型物质 I_2 的系数,"2"是 IO_3^-/I_2 电对半反应中氧化型物质 IO_3^- 的系数,"10"是该反应的得失电子数。也就是说,离子浓度对电极电势的影响大小取决于该电对半反应中氧化型物质系数(本节记为"O")、还原型物质系数(本节记为"R")、以及得失电子数(本节记为"Z")。三者的关系是 $\frac{O}{R \times Z}$,方便起见,本节将这个比值称为"浓度因子"。它的含义是浓度因子越大,则离子浓度对电极电势的影响就越大。在设计实验条件时,对氧化剂浓度的控制就要多加考虑。

同理,上式中体现溶液 pH 对电极电势影响力的关键系数是 $\frac{0.0592 \times 12}{10}$,0.0592 是常数,最终的决定因素是 $\frac{12}{10}$,"12"是 IO_3^-/I_2 电对半反应中 H^+ 的系数,"10"是该反应的得失电子数。也就是说,酸度对电极电势的影响大小取决于该电对半反应中 H^+ 的系数(本节记为"H")和得失电子数(本节记为"Z"),两者的关系是 $\frac{H}{Z}$,方便起见,本节将这个比值称为"酸度因子"。它的含义是酸度因子越大,则溶液 pH 对电极电势的影响就越大。在设计实验条件时,对溶液 pH 的控制就要多加考虑。

表 3-6-4　常见氧化剂氧化能力的影响因素

氧化剂	氧化剂电对的标准电极电势/V	浓度因子	酸度因子
I_2	$E^{\ominus}(I_2/I^-)=0.534\,5$	1/4	0
IO_3^-	$E_A^{\ominus}(IO_3^-/I_2)=1.209$	1/5	1.2
	$E_B^{\ominus}(IO_3^-/I_2)=0.216$		
Fe^{3+}	$E^{\ominus}(Fe^{3+}/Fe^{2+})=0.769$	1	0
Cl_2	$E^{\ominus}(Cl_2/Cl^-)=1.360$	1/4	0
MnO_4^-	$E^{\ominus}(MnO_4^-/MnO_4^{2-})=0.554\,5$	1	0
	$E_B^{\ominus}(MnO_4^-/MnO_2)=0.596\,5$	1/3	4/3
	$E_A^{\ominus}(MnO_4^-/MnO_2)=1.700$	1/3	4/3
	$E_A^{\ominus}(MnO_4^-/Mn^{2+})=1.512$	1/5	8/5
HNO_2	$E_A^{\ominus}(HNO_2/NO)=1.04$	1	1
ClO^-	$E_B^{\ominus}(ClO^-/Cl^-)=0.890\,2$	1/2	1
O_2	$E_A^{\ominus}(O_2/H_2O)=1.229$	1/8	1
H_2O_2	$E_A^{\ominus}(H_2O_2/H_2O)=1.763$	1/4	1
ClO_3^-	$E_A^{\ominus}(ClO_3^-/Cl^-)=1.45$	1/6	1
MnO_2	$E_A^{\ominus}(MnO_2/Mn^{2+})=1.229$	1/2	2
NO_3^-	$E_A^{\ominus}(NO_3^-/NO_2)=0.798\,9$	1	2
	$E_A^{\ominus}(NO_3^-/NO)=0.963\,7$	1/3	4/3
$Cr_2O_7^{2-}$	$E_A^{\ominus}(Cr_2O_7^{2-}/Cr^{3+})=1.33$	1/12	7/3

　　采用酸度因子和浓度因子(如表 3-6-4 所示),我们就可以比较不同电对的电极电势受溶液 pH 及离子浓度的影响大小,从而根据需要提高或者降低氧化剂的氧化能力。如果需要提高氧化性,那么可以增加氧化剂浓度或者减小溶液 pH(不受 pH 影响的氧化剂除外),反之亦然。另外,影响因子越大,说明反应对该因子表示的外界条件越敏感,从提高实验成功率的角度来看,就越不利。最佳氧化剂应是受浓度和 pH 影响较小的物质。如果浓度因子和酸度因子相矛盾,主要考虑酸度因子。因为在海带提碘实验时,氧化剂浓度好控制,通过准确配制溶液即可实现。但是溶液酸度不好控制,因为海带灰中所含的杂质成分不明,酸量控制比较难。因此实验时应首先考虑使用氧化能力受 pH 影响小的氧化剂。

由表 3-6-4 可知,离子浓度对所有氧化剂的氧化能力都有影响,其影响力大小排序为[*]:$Cr_2O_7^{2-} < O_2 < ClO_3^- < IO_3^- < H_2O_2$,$I_2$,$Cl_2 < NO_3^-$[**] $< MnO_2 < Fe^{3+}$,HNO_2

虽然氧化还原反应的自发方向最终是通过实际条件下的电极电势或者原电池的电动势来判断。但实际数值用起来很不方便,而标准态下的数据可通过查表获得。于是无机化学上就有一条经验判据,根据标准态下原电池电动势 $E_{MF}^{\ominus}$(数值上等于氧化剂电对和还原剂电对的标准电极电势之差)来判断。当 $E_{MF}^{\ominus} > 0.2$ 时,反应正向进行,氧化还原反应可以发生。当 $E_{MF}^{\ominus} < -0.2$ 时,反应逆向进行,氧化还原反应的逆反应可以发生。当 $-0.2 < E_{MF}^{\ominus} < 0.2$ 时,反应既可以正向进行,也可以逆向进行。此时必须考虑浓度的影响。这就是说,即使不在标准态下,也可以用两个电对的标准电极电势来判断氧化还原反应是否可以发生。如果两者相差 0.2 V 以上,那么氧化还原反应可以正向自发进行,此时不用考虑各物种的浓度或者压强影响。如果小于 0.2 V,那么氧化还原反应的发生方向会受到各物种浓度或者压强的影响。根据这一经验判据,能够实现将 I^- 氧化成 I_2 而不生成 IO_3^-,该氧化剂的电极电势范围是比 $E^{\ominus}(I_2/I^-)$ 大 0.2 V,且比 $E_A^{\ominus}(IO_3^-/I_2)$ 小 0.2 V。也就是介于 0.734 5~1.009 之间。在表 3-6-4 中查找,符合此电极电势范围的氧化剂是 Fe^{3+}、HNO_2。因此,虽然 Fe^{3+}、HNO_2 的氧化性受浓度影响较大,但是在海带提碘实验中,它们的 E 值均处于安全区域,可以忽略浓度对实验结果的影响。

由表 3-6-4 数据可知,像 I_2、Fe^{3+}、Cl_2 这样的氧化剂,它们的氧化能力不受 pH 影响。在其他氧化剂中,pH 对氧化剂氧化能力的影响程度不同。pH 的影响力排序为:H_2O_2、ClO_3^-、HNO_2、$O_2 < IO_3^- < NO_3^- < MnO_2 < Cr_2O_7^{2-}$。根据上述排序,我们可以推导不同氧化剂在海带提碘实验中所需满足的 pH 条件。

$E^{\ominus}(Cl_2/Cl^-) = 1.360 > E_A^{\ominus}(IO_3^-/I_2) = 1.209$,标准态下可以将氧化 I_2 成 IO_3^-。但是通过增加 $c(H^+)$,可使 $E_A(IO_3^-/I_2)$ 增大,而 $E(Cl_2/Cl^-)$ 的值

---

[*]　　MnO_4^- 的还原产物较为复杂,在此暂不排序。

[**]　　表 3-6-4 中的 NO_3^- 有两个电对。在海带提碘实验中,即使以浓硝酸作为氧化剂,滴入溶液中也被稀释成稀硝酸。因此,真正起作用的氧化剂电对是 NO_3^-/NO,本节仅分析该电对。

不受 $c(H^+)$ 影响,当 $E_A(IO_3^-/I_2) > E(Cl_2/Cl^-)$ 时,Cl_2 就不能氧化 I_2。所以,如果用 Cl_2 作氧化剂,那么 $c(H^+)$ 大有利于达成实验目的。

IO_3^- 的氧化性受 pH 的影响大于 H_2O_2、ClO_3^-、HNO_2、O_2,而 I_2 的氧化性不受 pH 影响,因此如果选用这些氧化剂,那么溶液的 $c(H^+)$ 越大,$E_A(IO_3^-/I_2)$ 上升得越快,I_2 就越难被氧化成 IO_3^-,I_2 的产率就越大。即 pH 小有利于碘的析出。以 H_2O_2 为例,有研究显示,以 20 g 海带为样品,用 5% 的 H_2O_2 溶液作为氧化剂,控制其他条件不变,pH 为 4.06 时,氧化析碘后溶液中碘的质量为 5.31×10^{-2} g,pH 为 6.05 时,溶液中碘的质量为 1.92×10^{-4} g。pH 增大 2 个单位,溶液中碘的质量减少为原来的 1/277。可见,溶液 pH 变化对碘单质生成的影响巨大。相反,IO_3^- 的氧化性受 pH 的影响小于 NO_3^-、MnO_2、$Cr_2O_7^{2-}$ 所受影响。$c(H^+)$ 增加,NO_3^-、MnO_2、$Cr_2O_7^{2-}$ 氧化性的增加幅度大于 IO_3^-,I_2 就越容易被氧化成 IO_3^-。因此,如果选择 NO_3^-、MnO_2、$Cr_2O_7^{2-}$ 作氧化剂,那么 $c(H^+)$ 小,或者 pH 大有利于实验目的的达成。

综上,从酸度控制角度来讲,氧化剂对 pH 的灵敏程度依次为 $Cr_2O_7^{2-} > MnO_2 > NO_3^- > IO_3^- > H_2O_2$、$ClO_3^-$、$HNO_2$、$O_2 > I_2$、$Fe^{3+}$、$Cl_2$。

海带提碘实验对溶液 pH 最不敏感的氧化剂是 Fe^{3+}。结合浓度因子的分析结果发现,海带提碘实验中的最佳氧化剂是 Fe^{3+}。因为 $E^{\ominus}(Fe^{3+}/Fe^{2+})$ 的值处于安全区域,且 $E(Fe^{3+}/Fe^{2+})$ 的值不受 pH 影响,溶液浓度和酸度的影响在该实验中都可以忽略不计。

(四) 实验验证:常见氧化剂及最佳氧化剂

根据上述原理,考虑到实验步骤方便快捷、实验药品安全易得,设计了以下实验并进行验证,均成功地从海带中提取出了单质碘。

1. 常见氧化剂的验证

实验准备:按照 $m(\text{干海带}):V(\text{水})=3\ \text{g}:25\ \text{mL}$ 的比例,将海带碎末放入蒸馏水中,充分搅拌 2 分钟,静置。用倾析法取出 15 mL 海带浸提液。如果要做多次实验,可按此比例配制若干份海带浸提液备用,每次实验耗用 15 mL。

【实验 1】$KMnO_4$ 溶液作氧化剂

15 mL 海带浸提液中加入 10 滴 3 $mol \cdot L^{-1}$ HCl,搅拌均匀。加入 5 mL $KMnO_4$,边滴边搅拌。用 2 mL CCl_4 萃取,有单质碘生成。

虽然 MnO_4^-（酸性条件）的氧化性在上文没有讨论。但是由表 3-6-4 可知，MnO_4^-（酸性条件）与 $Cr_2O_7^{2-}$ 类似，其氧化性都是受酸度影响很大。在不加酸的情况下，$KMnO_4$ 溶液的氧化性不强，难以将 I^- 氧化成 I_2。对此假设进行了验证：将 5 mL 0.1 mol·L^{-1} $KMnO_4$ 溶液滴入 15 mL 海带浸提液中，边滴边搅拌。用 2 mL CCl_4 萃取，无单质碘生成。而【实验 1】显示，加酸以后，MnO_4^-（酸性条件）的氧化能力迅速提高，可以氧化碘离子。但是，酸的用量不宜过多，否则 MnO_4^-（酸性条件）会进一步氧化生成的单质碘。

【实验 2】MnO_2 粉末作氧化剂

15 mL 海带浸提液中加入 20 滴 3 mol·L^{-1} HCl，搅拌均匀。加入少量 MnO_2 粉末，充分搅拌。用 2 mLCCl_4 萃取，有单质碘生成。

【实验 3】H_2O_2 溶液作氧化剂

15 mL 海带浸提液中加入 30 滴 3 mol·L^{-1} HCl，搅拌均匀。加入 15 mL10%H_2O_2，充分搅拌。用 2 mL CCl_4 萃取，有单质碘生成。

【实验 4】$FeCl_3$ 溶液作氧化剂

15 mL 海带浸提液中加入 15 mL 0.2 mol·L^{-1} $FeCl_3$ 溶液，充分搅拌。用 2 mL CCl_4 萃取，有单质碘生成。

【实验 5】$Fe(NO_3)_3$ 溶液作氧化剂

15 mL 海带浸提液中加入 15 mL 0.2 mol·L^{-1} $Fe(NO_3)_3$ 溶液，充分搅拌。用 2 mLCCl_4 萃取，有单质碘生成。

2. 最佳氧化剂的选择

上述实验中，$KMnO_4$ 溶液、MnO_2 粉末、H_2O_2 溶液作氧化剂时都要额外加酸，以控制溶液的 pH，且酸的用量不宜多，否则会将 I_2 进一步氧化。而用 $FeCl_3$ 溶液和 $Fe(NO_3)_3$ 溶液作氧化剂时，则没有额外加酸。

在海带提碘实验中，最佳氧化剂是 Fe^{3+}。首先，用 Fe^{3+} 作氧化剂时不需要特别控制溶液 pH。因为电对 Fe^{3+}/Fe^{2+} 的能斯特方程显示，该电对的电极电势不受溶液 pH 的影响。只要溶液的 pH 满足 Fe^{3+} 和 Fe^{2+} 在溶液中的存在条件，pH<2.45 即可。我们知道，Fe^{3+} 本身就能水解显酸性，从酸碱质子理论来看，$K_{a_1}^{\ominus}(Fe^{3+})=10^{-3.05}=8.91\times10^{-4}$，根据溶液 pH 计算的最简式 $[H^+]=\sqrt{cK_a^{\ominus}}$，可估算出所需 Fe^{3+} 的最低浓度为 $10^{-2.45}=\sqrt{c(Fe^{3+})\times8.91\times10^{-4}}$，即 $c(Fe^{3+})\approx0.014$ mol·L^{-1}，这个浓度远远低于常见铁盐溶液浓度，此条件很容易满足。因此，实验中对酸度的要求不高。

其次,铁盐是实验室常用试剂,取用方便,无毒。最后,用 Fe^{3+} 氧化 I^- 时,离子浓度也不需要特别控制。因为 $E^{\ominus}(Fe^{3+}/Fe^{2+})=0.769$,介于 $E^{\ominus}(I_2/I^-)$ 和 $E^{\ominus}(IO_3^-/I_2)$ 之间,且与两者的标准电极电势差距均大于 0.2 V,既能氧化 I^-,又很难将 I_2 氧化成 IO_3^-。因此,氧化时可以不考虑 Fe^{3+} 的过量问题。那么,要将 I^- 全部氧化成 I_2,所需 Fe^{3+} 的最少量是多少? 假设海带灰中含有能与 Fe^{3+} 反应的物质只有 I^-,没有其他杂质。每克干海带中碘的含量小于 1 毫克。称取 3 g 干海带提取碘,按照最高值 1 mg(碘)/g(干海带)来计算,则 $n(I)=\dfrac{3\ \text{mg}}{127\ \text{g}\cdot\text{mol}^{-1}}=2.4\times10^{-5}$ mol。用 Fe^{3+} 进行氧化,$I^-\sim Fe^{3+}$,则最大用量 $n(Fe^{3+})=2.4\times10^{-5}$ mol。假设待氧化的海带溶液体积为 15 mL,则溶液中的 Fe^{3+} 只要达到 $0.001\ 6$ mol·L^{-1} 即可。这个浓度远远小于铁盐溶液的常规浓度,很容易达到。因此,用铁盐作为海带提碘实验的氧化剂,不需要对 Fe^{3+} 浓度进行特别控制,常规浓度的铁盐溶液即可达到实验目的。

根据以上推导结论,采用铁盐作为氧化剂,又设计了比【实验 4】和【实验 5】操作更简单的实验方案,如下所示。

【实验 6】称取 17 g 硝酸铁晶体溶于 200 mL 蒸馏水,加入 3 g 干海带碎末,充分搅拌。用倾析法取出浸提液,萃取,有单质碘生成。

【实验 7】将 17 g 硝酸铁晶体换成 7 g 氯化铁晶体,重复【实验 6】步骤,也成功地萃取出了单质碘。

理论上讲,从【实验 4】至【实验 7】,所有物质的用量都不必严格控制。这给实验操作带来了极大方便。此外,做了多组对比试验发现,只要能被双氧水氧化得到单质碘的海带样品溶液,用 Fe^{3+} 溶液也能氧化得到碘。相比于 H_2O_2 溶液要严格控制溶液酸度和浓度,Fe^{3+} 溶液要方便很多。常规浓度的 $Fe(NO_3)_3$ 和 $FeCl_3$ 溶液就能实现既氧化 I^-,又不将 I_2 氧化成 IO_3^- 的实验目的,从而大大提高实验成功率,也缩短了实验时间。

(五) 研究结论

海带提碘实验的氧化条件是酸性环境。在中学化学的常见氧化剂中,海带提碘实验的最佳氧化剂是铁盐溶液。需要说明的是,"最佳氧化剂"的判据是指实验药品常见易得,实验条件最宽泛,实验操作最简单,最能提高成功率的氧化剂。用 Fe^{3+} 作氧化剂,基本不需要对条件做特别控制,甚至不用额外加酸,即可达到实验目的。"最佳氧化剂"的选择范围仅限于表 3-6-4 所示的中学化学常见氧化剂。表 3-6-4 未列入的其他氧化剂在海带提碘实验中是否可行,可参考本节所述方法进行推导。另外,本实验仅关注四氯化碳层的颜色,未考虑水层颜色。最后,电极电势是氧化剂和还原剂在水溶液中才表现出来的性质,本结论只适用于在溶液中将海带中的碘氧化,不适用于固相氧化的情况。

第 7 节　以水为原料的实验

实验演示

实验 3.7.1　电解水

"电解水实验"是初中化学为数不多的定量实验之一,其关键数据是氢气和氧气的体积之比为 2:1,但恰恰是这个关键数据存在较大误差。为了找到一种数据准确、药品安全、现象明显、装置简单的电解水实验方案,对已有文献做了系统梳理。由于水是生活中最为常见的物质之一,生活化的电解水实验更能体现化学与生活的密切联系。因此,在文献梳理的基础上,又对电解水实验进行了生活化设计。

一、实验简介

【主要实验原料】

食用纯碱粉末、酚酞、蒸馏水、热水。

【主要实验器材】

9 V 干电池、10 mL 小量筒、小纸片、100 mL 小烧杯、玻璃棒、水槽、药匙、天平、温度计。

【实验步骤与实验数据】

1. 配制电解质与预电解:称取 5 g 食用纯碱粉末加入100 mL 蒸馏水中搅拌,加热使其完全溶解。加入几滴酚酞显示颜色,便于读取数据。将装有纯碱溶液的小烧杯放入装有温水的水槽中,使温度保持在 30～40 ℃(盛夏酷暑时不必水浴保温)。取一节新的 9 V 干电池放入食用纯碱溶液中,预电解 10 分钟左右。

2. 向 2 支小量筒里加满纯碱溶液,从侧面横切盖上小纸片,分别倒扣在干电池的两极上,使小量筒刻度朝外,便于观察;也可以用橡皮筋将 2 个小量筒捆绑,有利于操作。装置如图 3-7-1 所示。

3. 刚开始电解时,数据不稳定,且有少量白色泡沫影响读数。当氢气体积达到 3 毫升左右时开始读数。每当氢气体积数为整数时记录氢气和氧气体积,体积差之比即为电解产生的氢气、氧气体积之比。

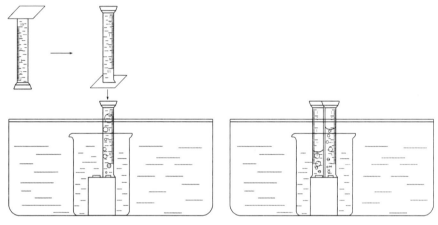

图 3-7-1   电解水实验装置图

本实验中的氢气与氧气体积之比为 2∶1,与理论值相符。一节新 9 V 干电池可以连续多次收集数据。仅第一次收集数据前需要预电解,后面做平行实验时可以省去预电解的步骤。

表 3-7-1   本方案的电解水实验数据

温度/℃	氢气体积/mL	氧气体积/mL	氧气体积差/mL	氢气、氧气体积差之比	氢气、氧气体积之比均值	总平均值
35	3.00	1.30	0.50	2.0∶1.0	2.0∶1.0	2.0∶1.0
	4.00	1.80				
	5.00	2.30	0.50	2.0∶1.0		
	6.00	2.80	0.50	2.0∶1.0		
	7.00	3.30	0.50	2.0∶1.0		
	8.00	3.80	0.50	2.0∶1.0		

（续表）

表 3-7-1　本方案的电解水实验数据

温度/℃	氢气体积/mL	氧气体积/mL	氧气体积差/mL	氢气氧气体积差比	氢氧体积比均值	总平均值
35	3.00	1.20	0.50	2.0∶1.0	2.0∶1.0	
	4.00	1.70				
	5.00	2.20	0.50	2.0∶1.0		
	6.00	2.70	0.50	2.0∶1.0		
	7.00	3.20	0.50	2.0∶1.0		
	8.00	3.70	0.50	2.0∶1.0		
32	3.00	1.40	0.50	2.0∶1.0	2.1∶1.0	
	4.00	1.90				
	5.00	2.40	0.50	2.0∶1.0		
	6.00	2.90	0.50	2.0∶1.0		
	7.00	3.40	0.50	2.0∶1.0		
	8.00	3.80	0.40	2.5∶1.0		

【实验说明】

1. 在食用纯碱溶液中加入酚酞,溶液变红,便于观察量筒读数。

2. 若用带刻度的试管替代量筒收集氢气和氧气,则实验数据会更为准确。

3. 收集氢气和氧气的量筒或试管要有清晰可见的刻度值。

4. 此实验不宜给初三年级以下儿童演示。

二、实验设计解析

(一) 文献综述

以"电解水实验"和"改进"为关键词在清华同方—中国知网(CNKI)上查询,选取被引用最多、发表最早的代表性文献,同时对所选文献进行追踪查阅,直到信息量饱和为止。最终得到 1974 年至 2018 年间的 42 篇论文可供分析。再剔除与中学化学教学相关度低的来源期刊,最后得到 25 篇电解水实验改进论文。对 25 篇论文进行统计发现,电解水实验研究主要涉及七个方面:体积比误差分析、电解质、电源电压、电极材料、电解装置、电解速率、电解温度。将所选论文按照七个方面进行统计,由于部分论文涉及多个方面,所以最后累加起来的篇数会大于 25 篇。统计发现,涉及电解质的论文有 22 篇,涉及电极材料的论文 16 篇,涉及电解装置的论文有 16 篇,涉及电源电压的论文 14 篇,涉及体积比误差分析的论文 12 篇,涉及电解速率的论文 10 篇,涉及电解温度的论文 2 篇。可见,电解质、电解装置以及电极材料是研究焦点。戴小敏等人采用正交试验法探讨了电解液、电极材料及电压因素对电解水实验的影响,发现影响水电解因素的主次顺序为:电解液、电压、电极材料。温度是化学反应中的重要条件,但是在电解水实验改进研究中,电解温度却鲜受关注。

(1) 体积比误差

关于电解水实验中收集到的氢气、氧气体积之比大于 2∶1 的问题,白福秦认为有多个原因,比如两根集气管中水柱高低不同、氢气和氧气的溶解度不同、阳极氧化等。石启英对氧气体积偏小的原因做了三点阐述:一是在相同温度下氧气的溶解度比氢气大;二是氧气在电极表面的吸附程度比氢气大;三是阳极副反应的发生使放电迟缓,不容易放出氧气。王长健和尤乃丽指出量气管直接罩在电极上,离子扩散受阻,浓差超电势变大,电解速率不够快。但若采用提高电解电压的方法加快速率,又会因为阳极氧化等原因使得到的气体体积比的误差变大。

为了减少氢气、氧气体积之比不恰为 2∶1 的误差,董瑞峰和魏崇花提出可事先将电解液用 O_2 饱和。周瑞苯也有类似观点,认为要对电解液进行预处理,即在实验前先电解一段时间,使电解产生的氧气和氢气分别在两侧量气管的溶液里溶解达到饱和,然后放出两管聚集的气体,重新调整电解装置后再进行实验。

(2) 电解质

在电解水实验所用电解质中,对酸、碱、盐溶液的研究均有报道。尚春明采用蒸馏水、硫酸溶液、氢氧化钠溶液分别作为电解质进行对比实验后发现,以蒸馏水作为电解质时电解速率很慢;以硫酸溶液作为电解质会导致氢气与氧气的体积之比明显大于 2∶1;以氢氧化钠溶液作为电解质,可以加快气体产生速率,保持氢气与氧气体积之比为 2∶1。作者在文末提出电解时选用 $0.1\ mol\cdot L^{-1}$ 的氢氧化钠溶液和 10 V 电压为宜。白福秦经过实验得出:电解液可用 1∶10 的稀硫酸或 10% 的氢氧化钠溶液。如用碱性电解液,可用粗一点的铁丝作电极,外边套上塑料管,头部露出 1～2 cm 即可;若用酸性电解液,可采用铅丝或粗一点的保险丝作电极。刘海燕等人采用磷酸二氢钾溶液作为电解质进行正交试验,发现电解质浓度为 10%,以铁、铅等金属作电极时产生的氢气、氧气体积之比接近 2∶1,且阳极区副反应和电极表面的氧化反应不明显。磷酸二氢钾虽是一种盐,但是其溶液的 pH 约为 4.66($[H^+] = \sqrt{K_{a_1} K_{a_2}} = \sqrt{(7.52 \times 10^{-3}) \times (6.31 \times 10^{-8})} \approx 2.18 \times 10^{-5}$),仍然为酸性。吴永信等人采用 5%硫酸钠这一中性溶液作电解液,发现其实验效果较好。

在酸性、中性和碱性电解质中,氢氧化钠溶液被用得最多。祝静认为,电解中产生的原子氧的氧化性很强,会与阳极金属发生反应,消耗氧原子,使氧气的析出量减少。在碱性条件下进行电解,这些电极的阳极表面能形成保护膜,从而减少氧气在阳极的消耗。周瑞萼通过对照实验发现,在 18~24 V 的电压下,选择 5%~20%氢氧化钠作电解液,电解水实验可以取得较好的实验数据。邹振惠经过实验探究发现,氢氧化钠溶液最适宜的浓度为 10%~13%,太稀会导致电解速率明显减慢;太浓会导致电解速率增加不明显,反而加大了电解液的腐蚀性。

为了使电解水实验现象更为明显,罗鹏和谢巧兵使用了溴百里酚蓝作指示剂。该指示剂在酸性时呈黄色,碱性时呈蓝色,中性时呈浅绿色。实验中,学生能明显观察到电极周围的颜色变化。

(3) 电解装置

对电解装置的改进方案有很多。比如采用 U 形管、倒置滴定管、注射器以及塑料瓶等等。国内绝大多数电解装置都是采用外部电源供电。国外教材中有一个极其简单的电解水实验装置。该装置以 9 V 干电池为电解电源,将干电池直接置于硫酸镁溶液中。将两根试管用橡皮筋捆绑后倒置,用铁架台固定,将两个试管口分别置于干电池阴极和阳极上方收集氢气和氧气。该方案的优点在于简化了电解装置和电极材料,省去了用鳄鱼夹连接电路的麻烦。而且 9 V 干电池自带金属电极,正、负电极距离近,有利于提高反应速率,减少误差。但是该实验方案存在以下缺点:① 试管上没有刻度,只能估读数据,而准确读取氢气和氧气体积是本实验的关键所在;② 试管口没有罩住电极,造成氢气和氧气的逃逸;③ 没有考虑实验温度;④ 硫酸镁在我国中学化学实验中不是常用试剂;⑤ 电解质溶液无色,不便于观察试管中的液面变化。⑥ 用铁架台固定试管,不便于取放干电池;⑦ 缺少预电解步骤。

（4）电源电压

张广学认为,使用 10~15 V 的直流电时电解速率适中。电压过大时电解反应不易控制,且碱性溶液易有泡沫产生。邹振惠指出,在电源电压为 6 V 的条件下,电解 5~6 分钟能产生大约 30 mL 氢气和 15 mL 氧气,并强调最好是用新电池,才能保证有较快的产气速率。祁秀勇和裴文昊认为决定电解水实验速率的因素是电解液的电流强度。因此他们在实验中使用自制电源,电压可放宽到 36 V。同样,陈国建也提出要提高电解速率则要增大电动势,选用内阻小的电源,增强电流。

（5）电极材料

金乐等人探索了不同电极材料时的氢气、氧气体积之比及其对电解速率的影响,最后发现电极材料以铁丝为最佳,且电极距离越近,电极形状越复杂,电解速率越快。金官荣认为电解水时要保持阴、阳两极表面积相等。刘秋文和任光明选择用钢钉作电极,采用 10 V 电压和 10％氢氧化钠溶液作电解液,加快了电解速率,氢气、氧气体积之比也更加接近 2∶1。

（6）电解速率

古仁钦和李琦从电解速率的角度,将电极材料与其他电解条件综合起来进行探究。他们发现若用铁钉作电极,当电解液浓度相同时,电压越高,电解速率越快,其结果越准确;当电压相同时,溶液浓度越大,电解速率越快,其结果越准确。采用铜丝作电极,当电压不太高时,各种浓度电解质的电解效果都好,浓度大时电解速率更快。若用镀镍回形针或废弃电炉丝作电极,则相同条件下电炉丝比回形针效果好些,电压相同时,浓度越大,实验结果越好;若浓度较小时,则可采用较大电压,同样可得到较好效果。

（7）电解温度

在电解水实验研究中,温度这一实验条件鲜受关注。仅查阅到 2 篇文献。郝金声提出,NaOH 或 H_2SO_4 溶液浓度、电极材料、外加电压以及温度对实验都有一定程度的影响。通过实验验证,他发现提高电解质溶液温度,能够加快离子在溶液中向两极移动的速率,高温比低温的实验效果好。张广学也提到适当提高电解液温度,可以降低氧气溶解度,从而增大氢气、氧气体积之比。

（二）电解水实验方案的生活化设计

本研究的初衷是通过文献梳理,找到一种理想的电解水实验方案,即同时具备数据准确、药品安全、现象明显、装置简单等特点。但却没有发现理想方案。于是基于文献梳理结果,结合"化学在身边"的科学理念,对电解水实验进行生活化的创新设计。

从文献中发现,以下实验条件能够优化电解水实验结果:碱性电解质、10 V 左右的电源电压、普通金属材料作电极、提高温度、采用指示剂显色。另外,电解速率高有利于减少实验误差。

纯碱在实验室和生活中都是常备物质。选用浓度约为 5% 的纯碱溶液作为电解质(化学纯或者食用级别的纯碱均可)。电解液中加入酚酞指示剂显示液面变化。选用 9 V 干电池作为电解电源,将其置于电解质溶液中。采用 10 mL 小量筒收集气体。先将电解液装满量筒,在量筒口盖上小纸片后倒置。由于大气压的原因,倒置小量筒中的电解液被小纸片外面的空气托住流不出来。将量筒放入电解液中,量筒口对准干电池的电极,抽去纸片,小量筒罩住干电池的电极。电解产生的气体被收集在小量筒中,通过量筒上的刻度读取体积数据。

考虑到温度是一个重要的实验条件,分别探究了 20 ℃、30 ℃和 40 ℃这三个温度下的电解效果。实验发现,温度越高,电解速率越快。20 ℃时电解速率最慢。40 ℃时气体释放速率最快,但读取数据有一定难度,且40 ℃的水温手感微烫,不利于搭建电解装置。而在 30 ℃～35 ℃的温度区间内,电解速率适中,收集 10 mL 氢气大约需要 10～15 分钟时间。电解产生的氢气、氧气体积之比为 2∶1。另外,30 ℃～35 ℃正是夏季的常见温度,在炎炎夏日用本方案做电解水实验可不用特别控制温度。经过多次试验,最终发现以上实验方案较为理想。

（三）研究结果与讨论

文献梳理发现,电解水实验中,加快电解速率可以使氢气与氧气的体积比更接近理论值。已有研究通常采用增大电压或者电解质浓度的方法加快电解速率。氢氧化钠溶液是最常用的电解质。电极材料以铁丝等金属居多。电解所用电源大多置于电解装置外部。而 9 V 干电池却可以直接放置在电解质溶液中,从而简化了电解装置和实验操作步骤。气体收集装置主要采用倒置滴定管、U 形管、注射器、塑料瓶改装等。

基于以上文献梳理结果,对电解水实验进行了生活化设计。将温度控制在 30～35 ℃左右以获得适中的电解速率。以浓度约为 5% 的纯碱溶液作为电解质,滴入酚酞显示颜色。将 9 V 干电池直置于纯碱溶液中作为电源和电极,两支 10 mL 小量筒被倒扣在干电池的正、负极上收集气体。

本方案中电解产生的氢气和氧气的体积之比为 2∶1。

实验中还发现,并非所有品牌 9 V 干电池都适用于本方案。价格较高的某品牌电池放入纯碱溶液中,正极立刻变黑被氧化,不适合作为本实验的电源。而价格较低的两种品牌 9 V 干电池则可以一直重复使用,便于收集多个平行数据。还尝试过使用紫甘蓝汁显示溶液颜色。发现实验刚开始时现象较为明显,但是随着电解进行,电解质溶液逐渐变得浑浊,不如酚酞的显色效果好。

综上,本实验方案不但具有数据准确、药品安全、现象明显、装置简单等特点,而且实现了电解水实验的生活化。在初三化学教学中可以让每一位学生都动手操作电解水实验,使他们近距离观察实验现象,亲手收集实验数据,从而彰显化学课堂的科学魅力。

实验 3.7.2　净水器效果检测

水是生命之源。随着生活水平提高,人们对水质要求越来越高,很多家庭开始使用净水壶或者净水器过滤家中自来水。但是,净水装置的使用效果好坏很难比较。另外,净水装置使用一段时间后通常要更换滤芯,至于什么时间更换滤芯也很难明确界定。本实验通过简单的水质检测,可以解决以上问题。

一、实验简介

【主要实验原料】

饮用纯净水、农夫山泉天然水、苏打水、蒸馏水、自来水、紫包菜、剪刀、试管、试管夹、酒精灯、滴管。

【实验步骤与实验现象】

1. 制备紫甘蓝汁:剪碎紫包菜叶子,放入小烧杯,加纯净水淹没碎叶。将小烧杯放入水浴中加热,待小烧杯中的紫甘蓝汁液颜色较深时,用倾析法将紫甘蓝汁引流至贴有"紫甘蓝汁"的试剂瓶。

2. 取 10 支试管,分别贴上写有"饮用纯净水""饮用天然水""苏打水""蒸馏水""自来水"字样的标签。每两支试管贴同样标签。

3. 每种类型的水取 4 mL 倒入贴有对应标签的试管中。分别向每支试管中加入相同滴数的紫甘蓝汁,观察每支试管中的颜色变化。

4. 将每一种类型的水分一半于另一个贴有对应标签的试管,留待对比观察颜色。加热每一种水。对比加热前后试管中的颜色变化。

加热前,加入紫甘蓝汁后,饮用纯净水和蒸馏水颜色为紫色,饮用天然水、苏打水和自来水颜色为紫色或蓝紫色。加热后,饮用纯净水和蒸馏水颜色仍然为紫色,甚至略微发红。而饮用天然水、苏打水和自来水加热后颜色变蓝。如果净水器过滤效果好,那么过滤后的水在本实验中的颜色应与饮用纯净水或蒸馏水相同,而与自来水不同。以饮用纯净水的颜色为参照标准,可知净水器的净水效果。

【实验说明】

1. 可用微波炉将水加热至沸。

2. 自来水因地区不同,加入紫甘蓝汁以后可能出现紫色,或蓝紫色,或蓝色。

3. 配制紫甘蓝汁所用器材若没有清洗干净,则颜色会偏红或者偏蓝。配制紫甘蓝汁要用商品名称中含有"纯净水"字样的瓶装饮用水或者是实验室里用的蒸馏水。用榨汁机可以得到浓度更大的紫甘蓝汁,实验效果会更好。

4. 黑枸杞与紫包菜都富含花青素,可用黑枸杞替代紫甘蓝汁。

5. 此实验不宜给初三年级以下儿童演示,以防其模仿,任意检测家用液体。详见本书第 5 章第 3 节《教学原则》(安全性)。

二、实验设计解析

自来水、苏打水、饮用天然水中含有的杂质较多,杂质阴离子会发生水解,使水呈弱碱性,加入黑枸杞/紫甘蓝汁后显蓝色。加热以后,水解程度加剧,自来水的碱性增强,因此加热后自来水会呈现蓝紫色或蓝色。而纯净水中所含杂质极少,加热前后均为中性,加入黑枸杞/紫甘蓝汁后为紫色,加热以后仍然为紫色。

第 8 节　以二氧化碳为原料的实验

实验演示

实验 3.8.1　温室气体

哥本哈根气候大会使得"低碳"概念进入大众视野。但在哥本哈根大会期间,西澳大利亚大学地质学教授克里夫·奥里耶和其他一些学者却提出,全球变暖这一现象和二氧化碳无关,人们鼓吹二氧化碳是全球变暖的罪魁祸首完全出于经济目的。这一言论使我们不禁怀疑,全球变暖这一现象真的和 CO_2 无关吗? CO_2 到底是不是温室气体? 本实验有助于解开这些疑惑。

一、实验简介

【主要实验原料】

食用纯碱粉末、白醋、紫甘蓝、碎冰块、自来水、小石子(含碳酸钙)。

【主要实验器材】

温度计、火柴、100 瓦小台灯、两个透明大玻璃杯(一个贴有"杯 1 空气"的标签,一个贴有"杯 2 CO_2"的标签)、保鲜膜、铁架台、纸笔。

【实验步骤与实验现象】

1. 制备 CO_2 气体:并排摆放杯 1 和杯 2,分别加入 15 g 等质量的小石子,30 mL 等体积的白醋,少量等体积的紫甘蓝汁,盖上保鲜膜。掀开保鲜膜的一角,迅速加入 4 g 等质量的食用纯碱粉末。立刻盖上保鲜膜,防止气体逸出。

2. 验满 CO_2 气体:等待几分钟。掀开杯 1 保鲜膜的一角,将点着的火柴伸入杯口。如火柴不灭,则继续等待产生更多的 CO_2。验满后,若杯 1 和杯 2 中溶液颜色是蓝色且无气泡产生,则可进入下一步。否则就向其中加入少量等质量的食用纯碱粉末,使溶液变为蓝色,且气泡停止。如果颜色很淡,可以添加紫甘蓝汁。

3. 去除杯 1 中的 CO_2 气体:揭掉杯 1 的保鲜膜,吹出其中的 CO_2 气体,将点着的火柴伸入液面上方,若火焰不灭,则 CO_2 气体已经除尽。重新盖上杯 1 的保鲜膜。向杯 1 和杯 2 中分别插入温度计,将温度计悬挂在铁架台的夹子上,使两根温度计的球泡部分紧贴液面但不触及液面。

4. 模拟海洋中的冰川:向杯 1、杯 2 中分别加入 35 g 等质量的碎冰,摇匀。待两边温度都下降到零度时,分别用 100 瓦的台灯各自照射杯 1 和杯 2 中的冰水混合物。每隔一分钟记一次温度,40 分钟后关闭台灯。

【实验说明】

1. 温度计要能精确测量到 0.1 ℃,且实验前要检验一下两支温度计的温度变化速度应相同。

2. 这个实验是对比实验,控制相同的实验条件非常重要。需要控制的条件包括两个等质量等体积的烧杯、两个烧杯中放入等质量碎块均匀的冰块和等质量小石子、温度计球泡在烧杯中的位置相同、两个台灯的功率及其对两个烧杯的照射角度和照射距离等,这些控制条件要相同。

3. 加食用纯碱和碎冰块时动作要迅速,且加完后要迅速盖上保鲜膜,以防止 CO_2 跑掉。

4. 若第 2 步中的溶液为粉红色,则略增加食用纯碱粉末。若为绿色,则略增加白醋的用量。

5. 本实验所用白醋为 6°白醋。

6. 实验重复做几次,取结果的平均值,测量结果会更加准确。

二、实验设计解析

温室效应的产生原因是大量的太阳短波辐射加热地表以后,再以长波形式被地表辐射到外空,而大气中的温室气体能够吸收长波辐射,使得部分能量滞留下来,于是地表和大气对流层下的温度升高。具体原理如图 3-8-1 所示。

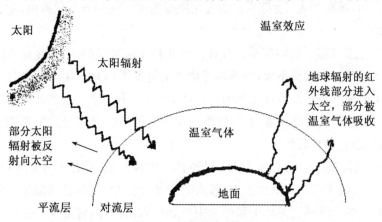

图 3-8-1　温室效应原理图

本实验根据温室效应的产生原因,模拟地球环境,设计对比实验,验证 CO_2 到底是不是温室气体。

　　实验装置如图 3-8-2 所示。

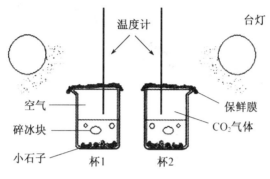

图 3-8-2　实验装置图

　　装置中用小石子模拟地表,烧杯内淡蓝色溶液模拟海水,碎冰块模拟冰山和海洋冰。

　　杯 1 中的气体是空气,杯 2 中的气体是二氧化碳。用相同的灯泡同时照射,观察冰块融化的快慢与杯内温度变化的情况,从而显示二氧化碳气体是否为温室气体。

　　本实验中的二氧化碳气体由食用纯碱和白醋反应产生:

$$Na_2CO_3 + HAc \rightleftharpoons NaHCO_3 + NaAc$$

$$NaHCO_3 + HAc \rightleftharpoons NaAc + CO_2 + H_2O$$

　　小石子也可以产生少量的二氧化碳气体:

$$CaCO_3 + 2HAc \Longrightarrow Ca(Ac)_2 + CO_2 + H_2O$$

　　当制备了足够的 CO_2 气体以后,为了让反应停止,可以向反应体系中加入过量食用纯碱,使溶液变成中性或弱碱性。加入紫甘蓝汁,不但可以显示溶液的酸碱性,控制 CO_2 气体的生成,而且紫甘蓝汁使中性或弱碱性溶液呈现的淡蓝色酷似海水颜色,增加本实验的趣味性。

　　对比"杯 1 空气"和"杯 2 CO_2"的曲线发现,两条曲线都是先有一小段时间的温度保持在 0 ℃(这时冰块融化),然后再逐渐升温(冰块融化以后)。但是这两个过程的变化速率有差别。"杯 2 CO_2"的曲线保持 0 ℃的时间较短,且后面的曲线斜率也较大。说明冰块融化得更快。冰块完全融化以后,

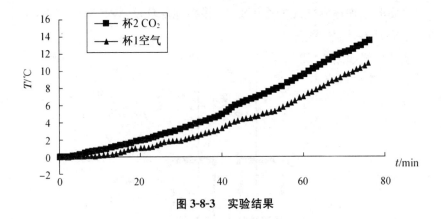

图 3-8-3　实验结果

系统的升温速度也更快。两套实验装置除了所含气体不同以外,其余条件都相同。因此,可以得出结论:CO_2 气体能够滞留热量。在这个模拟实验中,证明温室效应是存在的。但是在自然界中,实际环境要复杂得多。本实验结果仅供参考。

实验 3.8.2　气体纯度探究

排水法是收集气体的一种方法。一般认为,气泡均匀冒出时开始收集,可以得到较为纯净的气体。果真如此吗?其实不然。这样收集到的气体是不纯净的。因为发生装置内还有很多空气会被夹带出来。如果要想收集到纯净气体,那么就要在发生装置内的空气被排净之后,至少要放掉与发生装置中空气体积相等的气体以后,收集到的气体才有可能纯净。此外,实验装置如果接口较多,比如启普发生器,那么收集到的气体也会不纯净。即使实验开始时经过气密性检验,装置不漏气,但是在实验过程中,触碰导管等动作加上气流对活塞的冲击都会使活塞松动,引起装置的漏气,使空气混入容器,造成所收集气体的不纯净。若要制备纯净气体,最好使用接口少的发生装置。最后,排水法收集气体时,不可避免地会同时产生水蒸气。收集到的气体其实是含有水蒸气的混合气体。本实验以二氧化碳气体收集为例,探究排水法收集的气体纯度。

一、实验简介

【主要实验原料】

1 mol·L^{-1} NaOH 溶液、3 mol·L^{-1} HCl、大理石。

【主要实验器材】

蒸馏烧瓶、橡皮塞、乳胶管、导管、铁架台、100 mL 量筒、10 mL 量筒、锥形瓶 4 只(150 mL)、水槽 2 个、医用乳胶手套。

【实验步骤与实验数据】

1. 准备 4 只锥形瓶,分别编号,贴上标签,装满水后倒置于水槽中。分别向 4 只锥形瓶中加满水,塞好橡皮塞。再通过 100 mL 量筒和 10 mL 量筒准确测量每只锥形瓶中所盛水的体积。在另一个水槽中倒入 1 mol·L^{-1} NaOH 溶液。

2. 将蒸馏烧瓶塞上无孔橡皮塞,固定在铁架台上。检查装置气密性。向蒸馏烧瓶中先加入 25 g 大理石,然后加入适量的 3 mol·L^{-1} HCl,立刻塞紧橡皮塞。当反应开始,气泡均匀冒出时收集气体,连续收集 4 瓶。

3. 戴上医用乳胶手套。把装有 CO$_2$ 气体的锥形瓶倒置在装有 NaOH 溶液的水槽中,慢慢摇晃锥形瓶,让 CO$_2$ 充分溶解在 NaOH 溶液中。随着 CO$_2$ 气体的溶解,锥形瓶中的液面开始上升,待液面几乎停滞时,用瓶塞塞住瓶口,将锥形瓶取出水槽,充分振荡,使锥形瓶中残余的 CO$_2$ 气体被 NaOH 溶液充分吸收。再次把锥形瓶倒扣在装有 NaOH 的水槽中,摇晃锥形瓶,待不再有溶液进入锥形瓶为止,如图 3-8-4 所示。

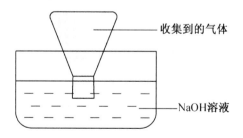

图 3-8-4　气体收集装置

4. 把锥形瓶中的 NaOH 溶液倒入量筒,读取体积。该体积即为锥形瓶中所收集 CO$_2$ 气体的体积。按照此方法,依次读取 4 只锥形瓶中所收集的 CO$_2$ 气体的体积。

5. 重复步骤 2、3、4,做第二、三组平行实验。

实验数据及分析见表 3-8-1。

表 3-8-1   CO₂ 气体纯度探究实验数据

集气瓶编号	锥形瓶的体积	实验次数	进入锥形瓶的 NaOH 溶液的体积/mL	锥形瓶中 CO_2 的体积分数	集气瓶中 CO_2 的体积分数平均值
NO.1	1 号:166 mL	1	82.0	0.494	0.535
		2	92.5	0.559	
		3	91.5	0.551	
NO.2	2 号:183 mL	1	152.0	0.830	0.879
		2	166.0	0.938	
		3	159.0	0.869	
NO.3	3 号:177 mL	1	168.0	0.949	0.958
		2	172.5	0.969	
		3	169.0	0.955	
NO.4	4 号:178 mL	1	171.5	0.963	0.977
		2	181.0	0.989	
		3	175.0	0.983	

以收集 CO_2 气体的集气瓶顺序(以瓶数表示)为横坐标,CO_2 的体积分数为纵坐标作图,如图 3-8-5 所示。

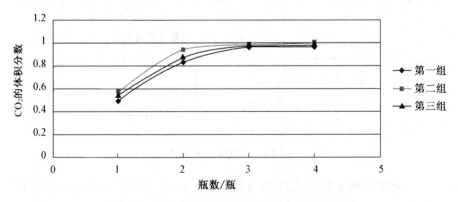

图 3-8-5   CO₂ 气体纯度与集气瓶收集顺序的关系

从表 3-8-1 和图 3-8-5 可以看出：

(1) 第一瓶气体从反应开始后气泡均匀冒出时开始收集，CO_2 的体积分数不是很高。其原因是发生装置内有大量空气被带出。

(2) 本实验使用的锥形瓶容量为 150 mL 左右，和实验装置中的空气体积差不多。当收集第二瓶气体时，发生装置内的空气被排出很多。这时气泡以较快的速率均匀冒出。收集到的第二瓶 CO_2 纯度高很多。

(3) 之后收集到的第三瓶和第四瓶气体，因为装置内的空气越来越少而变得越来越纯净，体积分数高达 97％ 以上，越来越接近 100％。但是由于气体中水蒸气的存在，不可能达到 100％。

【实验说明】

1. 两人一组做此实验。

2. 本实验因为要触碰 NaOH 溶液，所以要戴一次性医用手套进行操作，注意实验安全。

3. 量取锥形瓶盛水体积时，先用 100 mL 大量筒量取。待剩余少量液体时，改用小量筒量取。

4. 在把锥形瓶倒置在 NaOH 溶液当中进行溶解吸收时，要注意不能漏气，所有操作都要在溶液中进行。

二、实验设计解析

选择 CO_2 气体作为研究对象，探究排水法收集气体的纯度，首先要解决的问题是 CO_2 气体是否可以采用排水法进行收集。

人民教育出版社的旧版九年级化学教材的第一单元"走进化学世界"中"对人体呼出的气体的探究"中，收集呼出的气体就使用排水法。英国剑桥大学审定的一本化学教科书认为：收集 CO_2 气体可以用排水集气法，并刊印有收集装置。研究者认为，有一定流速的 CO_2 气体在水中溶解的量十分有限，且 CO_2 气体在逸出水面时是线性接触面，与水的接触面积和时间都有限。因此，当用排水法收集 CO_2 时，溶解的 CO_2 和与水发生反应的量都比较有限。还有老师通过 pH 变化来测定 CO_2 溶于水的损失量，得出的结论是"正常排水法溶解损失的 CO_2 的确很少，可以忽略不计，排水法收集 CO_2 完全合理"。

苏州市化学中考试卷甚至出现了排水法收集 CO_2 气体的题目。比如 2007 年中考化学卷的第 28(5)题：实验室一般用向上排空气法收集 CO_2 气体，试问能否用排水法收集 CO_2？请说明理由。（已知：通常状况下 1 L 水大约能溶解 1 L CO_2 气体)。答案:能。因为 CO_2 溶解性有限,从导管口产生的气泡在水中能较快浮起而逸出,即 CO_2 气体生成和从水中的逸出的速率远大于其溶解后和水反应的速率。回答"CO_2 溶解度不大"也给分。回答"不能"不给分,只答"能"未说明理由不给分。再比如,苏州市 2012 年中考卷第 18 题:下列有关实验室制取 CO_2 的方法不合理的是:A. 因为通常情况下 CO_2 密度大于空气,故能用向上排空气法收集;B. 因为 CO_2 在水中的逸出速率大于溶解速率,故也可用排水法收集;C. 在发生装置中加入块状石灰石和硫酸;D. 因为碳酸钙和盐酸在常温下即可迅速反应,故气体发生装置不需要加热。答案是 C,也就是说用排水法可以收集 CO_2。

综上,用排水法收集 CO_2 气体是可行的。CO_2 气体可作为研究对象,用于探究排水法收集气体的纯度。

由于启普发生器是固液不加热型气体制备的典型装置,该装置便于添加药品和控制反应速率。因此,本实验的最初方案是采用启普发生器制取 CO_2 气体。启普发生器的规格以球形漏斗的容积大小区别,最初方案选用的是 250 mL 的小型启普发生器。

【实验原理】

1. CO_2 气体的制取

本实验是定量实验,需要较为纯净的 CO_2 气体。因此,没有采用教材上所说的大理石,而选用了板结成块状的碳酸钠晶体,这样便于控制反应速率。通过测试发现,$1 \, mol \cdot L^{-1}$ 的稀盐酸与块状的碳酸钠晶体反应,速率适中,便于收集气体。

$$Na_2CO_3 + 2HCl = 2NaCl + CO_2\uparrow + H_2O$$

2. 混合气体中 CO_2 含量的测定

排水法收集到的 CO_2 气体中含有的杂质气体,主要是空气和水蒸气。稀盐酸中的 HCl 在水中的溶解度很大,且量又很小,因此可以忽略不计。本实验用过量 NaOH 溶液消耗掉混合气体中的 CO_2 气体,发生的反应为 $2NaOH + CO_2 = Na_2CO_3 + H_2O$。被吸收的气体体积即为混合气体中 CO_2 的体积,测定装置如图 3-8-6 所示。

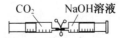

图 3-8-6　测定 CO_2 气体纯度的吸收装置

用 50 mL 的注射器采集混合气体样品,用 10 mL 注射器采集 NaOH 溶液。为了防止在混合过程中 CO_2 气体的损失,采用注入式,将 NaOH 溶液注入混合气体中,并且用橡皮泥封闭针头交界处。

【主要实验原料】

1 mol·L^{-1}NaOH 溶液、1 mol·L^{-1}HCl、块状碳酸钠晶体。

【主要实验器材】

启普发生器、50 mL 注射器(不带针头)、10 mL 注射器(带针头)、橡皮泥、集气瓶(175 mL)3 只、水槽。

【实验步骤】

两人一组做此实验。

1. 准备 3 只集气瓶,分别编号,贴上标签,装满水后倒置于水槽中。

2. 搭好启普发生器,检查装置气密性。向球形漏斗中加水。当水充满容器下部的半球体时,夹紧橡皮管。继续加水,使水上升到长颈漏斗的颈部。静置片刻,若水面不下降,则说明装置气密性良好,反之则说明装置漏气。

3. 向启普发生器中添加块状碳酸钠和稀盐酸。当反应开始,气泡均匀冒出时收集气体,连续收集 3 瓶。

4. 用 50 mL 注射器从第一个集气瓶中抽取 50 mL 气体,立刻用橡皮泥堵住出气口,推动针管检查气密性。用 10 mL 注射器抽取 10 mL NaOH 溶液,用橡皮泥裹住针头靠近针管的部分。将 10 mL NaOH 溶液注入 50 mL 气体中。抽出针头,立刻用手堵住 50 mL 注射器。充分振荡后,读取剩余气体的体积。

5. 抽取蒸馏水清洗 50 mL 注射器数次。用同样方法测定剩余几只集气瓶中 CO_2 的体积分数。

6. 重复步骤 2~5,做第二、三组平行实验。

【实验说明】

1. 用于堵塞大注射器出气口的橡皮泥要厚度适中,不宜太厚,不然会堵住针孔。小注射器上也需要包裹一层橡皮泥,这样可以和大注射器上的橡皮泥黏住,在注入 NaOH 溶液时防止气体散逸。

2. 由于 NaOH 溶液较为滑腻,因此注射 NaOH 溶液时不可用力过猛,以防针头脱离针管、碱液溅出。

3. 实验时要戴防护眼罩,以防碱液溅入眼睛里。

实验数据与分析见表 3-8-2。

表 3-8-2　最初探究方案的实验数据

集气瓶编号	次数	注射器中剩余气体积 $V_{剩余}$/mL	集气瓶中 CO_2 的体积分数	集气瓶中 CO_2 的体积分数平均值
NO.1	1	25.0	0.500	0.533
	2	22.0	0.560	
	3	23.0	0.540	
NO.2	1	20.0	0.600	0.747
	2	8.0	0.840	
	3	10.0	0.800	
NO.3	1	16.0	0.680	0.707
	2	10.0	0.800	
	3	18.0	0.640	

以瓶数为横坐标、CO_2 的体积分数为纵坐标作图,如图 3-8-7 所示。

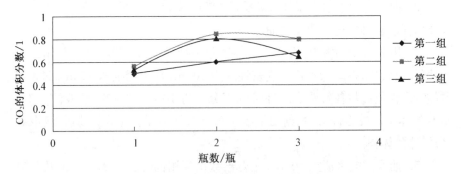

图 3-8-7　连续收集的集气瓶中 CO_2 的体积分数

图表分析:

(1) 第一瓶气体从反应开始后气泡均匀冒出时开始收集。从图 3-8-7 可以看出,CO_2 的体积分数不是很高。其原因是发生装置内有大量空气被带出。

(2) 本实验使用的集气瓶容量为 175 mL,大于启普发生器的中球体积。当收集第二瓶气体时,发生装置内的空气被排出很多。这时气泡以较快的速率均匀冒出。收集到的第二瓶 CO_2 纯度高很多,这一点从图 3-8-7 上也能看出来。

（3）第一组实验由于加入的碳酸钠晶体量较多，所以连续收集了 5 瓶。这样第 2 瓶和第 3 瓶收集的速率都很快，且第 3 瓶比第 2 瓶更纯净。到第 4 瓶和第 5 瓶的时候，反应速率变慢，收集时间变长，CO_2 气体的体积分数也依次下降，分别为 0.6 和 0.44。

【实验装置的不足与改进】

三组实验都出现同样的情况：最后收集的 CO_2 气体反而变得不纯净了。可能的原因有两个：第一，随着反应进行，酸的浓度在不断减小，碳酸钠晶体的量也在减小，反应速率越来越慢，收集一瓶气体需要较长时间。集气瓶在水槽里的时间过长，收集到的气体中水蒸气的含量增加，导致 CO_2 的含量变小。第二个原因的可能性更大，即随着反应进行，启普发生器的气密性变差，部分空气进入发生装置，随同产生的 CO_2 气体一同进入集气瓶。实验中发现，在收集最后一瓶气体时，启普发生器的液面中有气泡冒出，但是集气瓶中却收集不到气体。为了验证这一假设，再次检查了启普发生器的气密性。向球形漏斗中加水，使水上升到长颈漏斗的颈部，静置片刻，发现水面缓慢下降。可见，启普发生器是容易漏气的，其原因是接口较多。

针对这一发现，对实验设计做了改进。采取仅用一个橡皮塞的蒸馏烧瓶作为发生装置制取 CO_2。关于吸收装置，还发现针管注射法的一些问题，比如针头容易被橡皮泥堵塞、有喷出氢氧化钠的危险以及在注射的瞬间有漏气的可能。此外，用大针管从收满 CO_2 气体的集气瓶中吸取 50 mL 气体时也会混入空气。于是对吸收装置也做了改进，采用液封法，将收集到的 CO_2 气体直接倒扣在装满氢氧化钠的水槽中进行吸收。这种吸收法更简单更安全，也不会混入额外的空气。

通过对最初方案的修改，采用蒸馏烧瓶制取气体加液封倒扣吸收法测 CO_2 气体纯度。为了使该方法更贴近初三化学教学，采用教材上所说的大理石来制取 CO_2 气体。通过测试发现，3 mol·L^{-1} 的稀盐酸与大理石反应，速率适中，便于收集气体。选用 1 mol·L^{-1} 的 NaOH 溶液吸收 CO_2 气体。采用锥形瓶收集 CO_2 气体，因为锥形瓶口小，便于液封。锥形瓶口还可以加上橡皮塞，便于充分振荡，使瓶中的 CO_2 气体与 NaOH 充分反应。把收集满 CO_2 气体的锥形瓶倒扣在装有 1 mol·L^{-1} NaOH 的水槽中，瓶中的 CO_2 气体被 NaOH 吸收以后，液面会上升。通过测量进入锥形瓶中 NaOH 溶液的体积，即可测出混合气体中 CO_2 的含量。

本实验证实，排水法收集 CO_2 气体，气泡均匀冒出时开始收集，得到的

第一瓶 CO_2 气体是不纯净的。那么,第一瓶气体中 CO_2 的纯度是多少?第几瓶气体才是纯净的 CO_2? 这取决于收集装置的体积与发生装置中空气体积的相对大小,还取决于 CO_2 气体的流速。本实验得到的集气瓶中 CO_2 体积分数的数据是在本实验采用的仪器规格和所用药品的浓度下测定出来的,换个实验条件,所得数据就会有所不同。此外,如果气体发生装置不漏气,排水法收集得到的气体将会随着瓶数的增加越来越纯净。但由于水蒸气的存在,如果没有除水装置,排水法收集得到的气体不可能达到100%的纯度。

本实验中的 CO_2 气体制备方法是碳酸盐与盐酸反应。生活中可以采用可乐或雪碧为原料制备 CO_2 气体,装置简单,操作方便。

拓展实验 1:以雪碧为原料制备二氧化碳

【实验原理】

雪碧中的 CO_2 气体含量较大。当外界压强减小时, CO_2 气体就会从饮料中逸出。溶液中固体物质的存在可使溶液中的 CO_2 气体汇聚在周围,加速 CO_2 气体的逸出。

【实验原料与器材】

雪碧、牙签、有孔橡皮塞、乳胶管、玻璃导管、水槽、空饮料瓶。

【实验步骤】

将一瓶未开封的雪碧的瓶盖换成带导管的橡皮塞。向瓶中放入几小段牙签或任何微小固体,再塞上带导管的橡皮塞。摇晃雪碧瓶,收集 CO_2 气体。

拓展实验 2:雪碧、可乐中二氧化碳含量比较

【实验原理】

同拓展实验1。

【实验原料与器材】

冷藏雪碧、冷藏可乐、牙签、有孔橡皮塞、乳胶管、玻璃导管、水槽、1.2 L 空饮料瓶、100 mL 量筒。

【实验步骤】

1. 搭建实验装置:水槽装一半水,1.2 L 的饮料瓶装满水,放在水槽中,作为气体收集装置备用。准备一个与雪碧瓶口和可乐瓶口相匹配的橡皮

塞,插入玻璃导管,再接上橡皮塞和玻璃导管,作为气体导出装置备用。取牙签 5 根,每根截成三小段备用。

2. 制取并收集气体:打开雪碧瓶塞,将牙签碎段放入其中,迅速塞上带导管的橡皮塞,导管的末端伸入装满水的饮料瓶中。摇动雪碧瓶,使其中的 CO_2 气体逸出,直至 1.2 L 饮料瓶中不再有气泡冒出。取出 1.2 L 饮料瓶,用量筒量水加满饮料瓶,记录所加水的体积 V_1,该体积即为雪碧中释放出的 CO_2 气体体积 V_1。

3. 改用可乐重复步骤 1、2,记录雪碧中释放出的 CO_2 气体体积 V_2。

4. 计算每毫升雪碧和可乐所能释放的 CO_2 气体体积。

第 4 章 生活化学实验情境设计

第 1 节 倒"水"游戏

实验演示

【教学链接】

知识链接：酸碱指示剂、生活中常见的酸和碱

日常生活中的一些蔬菜和花朵都可以用来作酸碱指示剂，尤其是紫包菜，又称紫甘蓝。当白醋与纯碱溶液以不同比例混合以后，所得溶液的 pH 不同，加入紫甘蓝汁以后溶液就会呈现出各种不同颜色。若纯碱过量，则溶液显绿、蓝或蓝绿色。若白醋过量，则溶液显红色。若溶液为中性，则颜色为紫色。紫甘蓝汁的显色原理详见本书第 2 章第 2 节（四）《酸碱指示剂》。

【情境设计】

情境 4.1.1 倒"水"游戏

游戏规则如图 4-1-1 所示。邀请 6 位同学上讲台，面向全体学生并排站立，每人发个透明一次性塑料杯。在左起第一个同学的空杯中倒入纯净水。要求该同学将水分一半给右边的同学，这样依次分下去。在学生依次倒水的同时，教师悄悄地在自己杯中倒满纯碱溶液。待水被分到最右边的同学时，已经所剩无几。教师趁机说"再加点儿水"。然后将纯碱溶液给该同学倒满，教师不要告诉学生杯中装的是纯碱溶液。要求学生再按照从右往左的顺序依次倒一半水给左边的同学。在学生依次倒水的同时，教师再

换个空杯,倒满白醋溶液。待"水"被分到最左边的同学时,教师将白醋溶液给该同学倒满,这时不要告诉学生杯中装的是白醋溶液。要求学生再按照从左往右的顺序依次倒一半水给右边同学,直到倒数第二位同学为止,留下最后一位同学不参与该轮倒"水"游戏。教师拿出紫甘蓝汁,给每位同学的杯中加入紫甘蓝汁。这时六个杯中的溶液颜色分别显示绿色、蓝色、紫色、粉红色,以及这些颜色的混合色。询问学生喜欢什么颜色,根据酸碱中和原理以及紫甘蓝汁的显色 pH 范围,可以调配出所需颜色。比如往绿色溶液中不断滴入白醋,依次会出现蓝绿、蓝色、蓝紫、紫色、红色。反之,往红色溶液中不断滴入纯碱溶液,依次会出现紫色、蓝紫、蓝色、蓝绿、绿色。将绿色溶液与红色溶液混合,会出现蓝色、紫色与中间的混合色。

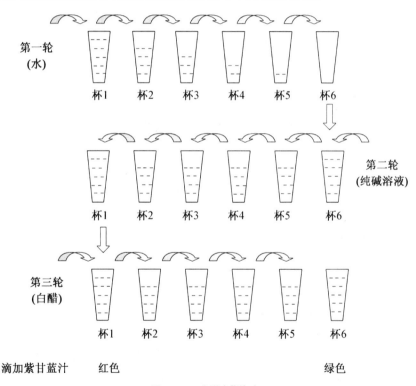

图 4-1-1　倒"水"游戏

情境 4.1.2　小组"倒水"游戏

本实验还可以让全班同学参与。将学生分成小组,每组 6 人左右,给每组学生从 1 开始编号。每人发一个透明塑料杯。先给每组编号为 1 的学生倒水,让他将水分给下一个编号的同学,依次类推。到末位同学时,杯中的水已经所剩无几。这时教师给末位同学加满纯碱溶液,不要告诉学生倒的是纯碱溶液,让他将"水"再倒回给前一位编号的同学,依次类推。当第二轮分水活动回到 1 号同学时,给 1 号同学加满白醋溶液,不要告诉学生倒的是白醋溶液,让他再分给下一个编号的同学。这轮分水活动到倒数第二个编号的同学为止。给每组发一小瓶紫甘蓝汁和 1 根滴管,让学生往自己杯中滴加紫甘蓝汁,观察溶液颜色。小组的各杯中应出现从绿色到红色的各种颜色。然后试着让学生将不同颜色溶液加以混合,观察溶液颜色变化。

【实验内容】

实验 4.1.1　倒"水"游戏

【主要实验原料】
6°白醋、食用纯碱粉末、纯净水、紫甘蓝。

【主要实验器材】
榨汁机、一次性塑料杯、滴管、电子天平。

【实验步骤与实验现象】

1. 纯碱溶液配制:称取 20 g 食用纯碱粉末,分三次放入盛有 100 mL 纯净水的小烧杯中搅拌均匀。将配好的食用纯碱溶液转移至贴有"食用纯碱溶液"标签的试剂瓶。

2. 白醋溶液配制:将 6°白醋与水按照体积之比 1∶1 混合均匀。将配好的白醋稀释液转移至贴有"稀释白醋"标签的试剂瓶。

3. 紫甘蓝汁的配制:最好用榨汁机榨取紫甘蓝叶子的汁液。如果没有榨汁机,可以将紫甘蓝叶片剪碎,用酒精或蒸馏水浸取。超市中含有"纯净水"字样的饮用水可以替代蒸馏水使用。

4. 酸碱混合:并排摆放 6 个透明空杯,通过三轮倒"水"游戏,实现酸碱溶液的混合(图 4-1-1)。三轮倒"水"游戏的杯子顺序分别是(1,2,3,4,5,

6),(6,5,4,3,2,1),(1,2,3,4,5)。第一轮从第 1 个装满水的杯子开始,依次分一半水给相邻杯子,至第 6 个杯子止,结束第一轮倒水。第二轮从第 6 个杯子开始逆序倒水。首先要给第 6 个杯子加满"水"(其实是饱和纯碱溶液)。当饱和纯碱溶液被依次倒入相邻杯中时,其浓度逐渐被稀释。第二轮倒"水"游戏结束时,每个杯中装的是被稀释过的纯碱溶液。第三轮倒"水"游戏又从第 1 个杯子开始,要先将杯 1 中的"水"加满(其实加的是 1:1 稀释白醋),再依次倒一半给相邻杯中,至 5 号杯为止,最后一个杯子不参与第三轮倒水,以确保杯中溶液为纯碱。这样,在第三轮倒"水"游戏中,杯 1 中为白醋,杯 6 中为纯碱。从杯 2 至杯 5 中的溶液依次由酸性向碱性递变。加入紫甘蓝汁以后,不同 pH 的溶液使紫甘蓝汁呈现各种颜色。

【实验说明】

1. 情境 1 中的实验表演性强,现场气氛好。可应用在一节课或者一门课程的引入环节。实验中的纯碱和白醋浓度会影响溶液颜色,因此是实验关键。为了取得理想的实验效果,需要预做实验,以确定纯碱溶液和白醋的最佳浓度。

2. 情境 2 的分组实验参与性强。让学生混合溶液的时间是实验关键。时间太短,混合不充分,只能出现白醋的红色和纯碱的绿色。时间太长,混合过于充分,导致同组杯中的 pH 相近,出现同组颜色相近的现象。

3. 情境 1、情境 2 可以结合起来。当同组出现颜色单一的现象时,可以通过情境 1 的调色步骤活跃现场气氛。也可先呈现情境 1 中的实验,然后将学生分组,以颜色变化规律为目标,设计成一次科学探究活动。

4. 此实验若演示给初三年级以下儿童,应隐去商品名称和标识,以防其模仿,在家中任意混合液体。详见本书第 5 章第 3 节《教学原则》(安全性)。

第 2 节 科学方法

实验演示

【教学链接】

知识链接:酸碱指示剂、氢氧化钠、碳酸钠、碳酸氢钠

技能链接:溶液配制

方法链接:科学研究的一般方法,即发现问题→明确问题→提出假设→

实验验证→得出结论。

紫包菜中富含花青素,它是一种很好的酸碱指示剂。在酸性条件下显红色(深红、玫红),在中性条件下为紫色,在碱性条件下,随着碱性增强,依次呈现蓝色、绿色、黄色以及两种颜色的混合色。加入紫甘蓝汁以后,9°白醋酸性较强,使紫甘蓝汁显红色。管道通颗粒的主要成分是氢氧化钠,是一种强碱,使紫甘蓝汁显黄色。食用纯碱的主要成分是碳酸钠,碱性中等,使紫甘蓝汁显绿色。食用小苏打的主要成分是碳酸氢钠,碱性较弱,使紫甘蓝汁显蓝色。

【情境设计】

情境 4.2.1　科学方法

桌上并排摆放六只烧杯,分别贴有标签 1、2、3、4、5、6。杯中盛装的溶液顺序依次为:9°白醋(1 号溶液)、胡萝卜汁(2 号溶液)、管道通溶液(3 号溶液)、纯碱溶液(4 号溶液)、小苏打溶液(5 号溶液)和紫甘蓝汁(6 号溶液)。教师请学生根据 2 号溶液胡萝卜汁和 6 号溶液紫甘蓝汁的颜色,预测其他四个无色溶液中加入紫甘蓝汁后将出现的颜色。

首先让学生在 1、3、4、5 号无色溶液中任选一个序号,猜测颜色。然后滴入紫甘蓝汁验证颜色。预测三次之后,只剩最后一个无色溶液时,请学生归纳 6 杯溶液的颜色顺序(彩虹序列:红、橙、黄、绿、蓝、紫)。根据该顺序,预测最后一杯无色溶液中加入紫甘蓝汁之后的颜色。教师与学生一起总结颜色变化规律。教师解释溶液酸碱性变化及紫甘蓝汁作为酸碱指示剂的变色原理。以上过程对应的科学实验方法如图 4-2-1 所示。

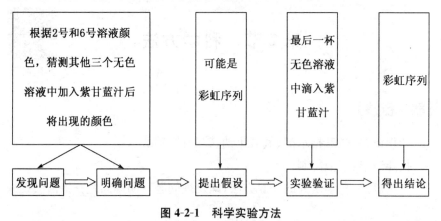

图 4-2-1　科学实验方法

【实验内容】

实验 4.2.1　科学方法

【主要实验原料】

9°白醋、橙色胡萝卜、管道通颗粒、食用纯碱、食用小苏打、紫包菜、纯净水。

【主要实验器材】

榨汁机、烧杯、玻璃棒、药匙、塑料滴管、细口滴瓶、标签。

【实验步骤与实验现象】

1. 配制溶液：在三个烧杯中各加入 50 mL 水，用药匙分别依次加入少量管道通颗粒、食用纯碱粉末和食用小苏打。搅拌，促进溶解。将配好的溶液倒入细口滴瓶，分别贴上写有溶液名称的标签。

2. 配制紫甘蓝汁和胡萝卜汁：洗净紫包菜，用榨汁机榨取汁液，装入细口滴瓶，贴上写有"紫甘蓝汁"的标签。同样方法榨取胡萝卜汁，贴上写有"胡萝卜汁"的标签。

3. 摆放样品：按照以下顺序并排摆放六种溶液：9°白醋、胡萝卜汁、管道通溶液、食用纯碱溶液、食用小苏打溶液和紫甘蓝汁。分别向 9°白醋、管道通溶液、食用纯碱溶液和食用小苏打溶液中滴加紫甘蓝汁，一排溶液的颜色递变规律如表 4-2-1 所示。

表 4-2-1　彩虹序列颜色

杯 1	杯 2	杯 3	杯 4	杯 5	杯 6
9°白醋	胡萝卜汁	管道通	食用纯碱	食用小苏打	紫甘蓝汁
红	橙	黄	绿	蓝	紫

【实验说明】

1. 管道通疏通剂中含有大量氢氧化钠，具有强腐蚀性。实验时不能用手直接接触。管道通溶液中加入紫甘蓝汁后颜色如果不为黄色，可在溶液中再加入少量管道通颗粒或者静置一段时间。配制管道通溶液时一定要剔除其中的金属颗粒。

2. 溶液的摆放顺序十分重要，依次为 9°白醋、胡萝卜汁、管道通溶液、食用纯碱溶液、食用小苏打溶液和紫甘蓝汁。

3. 紫甘蓝汁的用量不必准确。如果加入后溶液颜色不浓,可以再滴加紫甘蓝汁。紫甘蓝汁的制备方法详见本书第 5 章第 5 节《课程资源》。胡萝卜汁可用任何橙色饮料替代。

4. 管道通溶液、食用纯碱溶液和食用小苏打溶液的浓度不必准确控制。因为管道通溶液的主要成分是氢氧化钠、食用纯碱溶液的主要成分是碳酸钠,食用小苏打溶液的主要成分是碳酸氢钠。在常见浓度范围内,这三种溶液的 pH 差距较大。具体计算详见实验 3.1.1《叶脉书签》的实验设计解析部分。三种溶液的浓度变化对紫甘蓝汁显示的颜色影响很小。

5. 9°白醋是指商品标识中"总酸≥9 g/100 mL"的白醋。如果用醋精替代 9°白醋,红色会更深。

6. 此实验若演示给初三年级以下儿童,应隐去商品名称和标识,以防其模仿,在家中任意混合液体。详见本书第 5 章第 3 节《教学原则》(安全性)。

第 3 节　多彩喷泉

实验演示

【教学链接】

知识链接:二氧化碳、碳酸氢钠、醋酸、酸碱指示剂

实验 4.3.1 中,可乐里溶解了大量二氧化碳气体,在密闭静止状态下,这些气体稳定存在于可乐中。当瓶塞打开,并且有固体加入可乐中时,饮料中的二氧化碳气体就会迅速逸出。另外,泡腾片中含有碳酸氢钠和有机酸,在水中会迅速产生二氧化碳气体。因此,曼妥思糖和泡腾片加入可乐中,会迅速产生大量二氧化碳气体,使可乐瓶中的气压增大,将可乐液体压出来,产生喷泉现象。

实验 4.3.2 中,食用小苏打的主要成分是碳酸氢钠,因此小苏打溶液呈现弱碱性。紫甘蓝汁在弱碱性溶液中呈现蓝色。维生素 C 泡腾片中含有碳酸氢钠和有机酸。这些成分遇到水会发生酸碱反应,产生二氧化碳气体。小苏打溶液遇到维生素 C 泡腾片中的有机酸也会产生二氧化碳气体。瓶中瞬间产生大量二氧化碳气体,使瓶内压强迅速增大,从而将溶液压出,形成喷泉。

实验 4.3.3 中,紫甘蓝汁在酸性溶液中呈现粉红色。向白醋中加入紫甘蓝汁可得粉红色溶液。食用小苏打的主要成分是碳酸氢钠。维生素 C 泡腾片中也含有碳酸氢钠。它们遇到白醋时迅速反应产生大量二氧化碳气体,使瓶内压强增大,将瓶中液体压出,形成喷泉。

【情境设计】

喷泉表演

多彩喷泉包括黑色喷泉、蓝色喷泉和粉色喷泉。这些喷泉实验具有较高的趣味性和安全性,不仅可作为科学表演,还可以让学生亲手操作,感受实验乐趣。三个喷泉实验在一次表演活动中完成,效果会更好。本实验适合营造欢乐喜庆气氛,可与本书中的"化学'鞭炮'""化学'烟花'"实验合并表演,或者放在节日前后表演。

【实验内容】

实验 4.3.1　黑色喷泉

【主要实验原料】
330 mL 瓶装可乐、曼妥思糖、橙味维生素 C 泡腾片。

【主要实验器材】
橡皮塞、打孔器、塑料滴管、小纸片。

【实验步骤与实验现象】

1. 组装带尖嘴导管的橡皮塞:选择一个与可乐瓶口相配套的橡皮塞。剪去塑料滴管的球泡,留下尖嘴导管。尽量留得长一些,以便导管能伸到可乐瓶底部。根据尖嘴导管直径大小选择适中的打孔器,在橡皮塞上钻孔。将尖嘴导管插进橡皮塞孔中,尖嘴朝外。

2. 检查气密性:取一个空可乐瓶,塞上带尖嘴导管的橡皮塞。将尖嘴放入水中,挤压瓶身。如果有气体冒出,说明装置不漏气。

3. 将 2 颗曼妥思糖和 1 颗维生素 C 泡腾片压碎,用小纸片包裹起来。

4. 轻轻打开一瓶可乐,放入包有曼妥思糖和泡腾片的小纸包,迅速用带尖嘴导管的橡皮塞塞紧瓶口。轻轻摇动可乐瓶,使纸包散开,大量可乐液体从尖嘴导管中喷出，像喷泉一样。待喷泉落下时，摇动瓶身，喷泉现象再次出现。

【实验说明】

1. 带尖嘴导管的橡皮塞与可乐瓶口要匹配度良好。整套装置要气密性好，不能漏气。用打孔器在橡皮塞上钻孔时要集中注意力，垂直向下均匀用力，防止打孔器歪倒伤到手指。

2. 用纸包住压碎的曼妥思糖和泡腾片是为了让曼妥思糖和泡腾片不立刻接触可乐，给塞紧带尖嘴导管的橡皮塞留出时间。

3. 泡腾片的用量越大，可乐液柱喷得越高。

实验 4.3.2　蓝色喷泉

【主要实验原料】

蓝莓味维生素 C 泡腾片、食用小苏打、纯净水、紫包菜。

【主要实验器材】

空饮料瓶、带有尖嘴导管的橡皮塞、小茶匙、剪刀、玻璃棒、小烧杯、电子秤、大量筒、小纸片、药匙、标签、小烧杯。

【实验步骤与实验现象】

1. 配制紫甘蓝汁：将干净的紫包菜叶子剪碎放入烧杯中，加入少量纯净水淹没碎叶。搅拌，静置，将清液装入空烧杯，贴上写有"紫甘蓝汁"的标签。或者用榨汁机榨取紫甘蓝汁。

2. 配制蓝色溶液：空饮料瓶中加水 200 mL。用电子天平称取 20 g 食用小苏打粉末，用药匙将食用小苏打粉末分批次加入 200 mL 水中。充分振荡，至食用小苏打粉末全部溶解。加入紫甘蓝汁使溶液呈现较深的蓝色。

3. 制作喷泉：准备一个与饮料瓶口吻合的带尖嘴导管橡皮塞。用小纸片裹住一粒压碎的蓝莓味维生素 C 泡腾片，加入瓶中，迅速塞紧橡皮塞。可以发现，小苏打溶液中加入紫甘蓝汁，溶液为蓝色。蓝莓味维生素 C 泡腾片加入食用小苏打溶液以后，周围涌出大量气泡，且上下翻滚。尖嘴管口喷出水柱，犹如喷泉。待喷泉落下时摇动饮料瓶，再次观察喷泉现象。

【实验说明】

本实验对颜色有要求，应选用溶于水后溶液呈蓝色的泡腾片，比如蓝莓味维生素 C 泡腾片等。如果喷泉高度不够，可增加 Vc 泡腾片的用量。其他实验说明同实验 4.3.1。

实验 4.3.3　粉色喷泉

【主要实验原料】

西柚味维生素 C 泡腾片、食用小苏打、9°白醋、紫包菜。

【主要实验器材】

剪刀、玻璃棒、小烧杯、空饮料瓶、电子秤、带尖嘴导管的橡皮塞、药匙、小纸片、标签。

【实验步骤与实验现象】

1. 实验准备：紫甘蓝汁的配制如实验 4.3.2 所示。带尖嘴导管橡皮塞的制作如实验 4.3.1 所示。

2. 配制粉色溶液：在空饮料瓶中加入大约三分之二体积的 9°白醋，滴入紫甘蓝汁，至溶液呈现较深的粉红色。

3. 制作喷泉：取两粒西柚味维生素 C 泡腾片压碎放在小纸片上，再加入一药匙食用小苏打粉末。将小纸片松散地卷起来，放进饮料瓶中，迅速塞上带有尖嘴导管的橡皮塞。可以看到，纸包放入粉红色溶液后，小纸片散开，维生素 C 泡腾片和食用小苏打粉末进入粉红色溶液，瞬间产生大量气泡，尖嘴口有粉红色液体喷出，形成喷泉。待喷泉落下时摇动饮料瓶，再次观察喷泉现象。

【实验说明】

9°白醋可改用醋精。本实验对颜色有要求，应选用溶于水后溶液呈粉色的泡腾片，比如西柚味维生素 C 泡腾片等。其他实验说明同实验 4.3.1。

第 4 节　鸡蛋实验

实验演示

【教学链接】

知识链接：碳酸钙、稀盐酸

蛋壳的主要成分为 $CaCO_3$，与酸性物质反应生成 CO_2，方程式如下：

$$CaCO_3 + 2HCl = CaCl_2 + H_2O + CO_2$$

白醋中含有醋酸,可以与蛋壳中的 $CaCO_3$ 发生反应。在蛋壳上用石蜡写字,涂过石蜡的蛋壳部位不与酸反应,没有涂过石蜡的蛋壳部位与酸反应,从而在蛋壳表面留下字迹。用酸液将蛋壳底部局部腐蚀,使其变软,蛋壳就能站立在桌面上。用玻璃棒戳破变软的蛋壳部位,将蛋清蛋黄引流出来,用 $3 \ mol \cdot L^{-1}$ 稀盐酸浸润蛋壳内膜,使其从蛋壳上脱落下来,可以制得鸡蛋膜。鸡蛋膜是一种很好的半透膜,可以用作半透膜的相关实验。

【情境设计】

秋分,是二十四节气中的第十六个节气。时间一般为每年的公历 9 月 22～24 日。"秋分"的意思有两个:一是,昼夜时间均等,全球大部分地区这一天的 24 小时昼夜均分,各 12 小时。秋分过后,北半球开始昼短夜长,一天之内白昼开始短于黑夜。二是,气候由热转凉,我国大部分地区已经进入凉爽的秋季,"一场秋雨一场凉"。南下的冷空气与逐渐衰减的暖湿空气相遇,产生一次次的降水,气温也一次次地下降。

"秋分到,蛋儿俏"。在每年的秋分这一天,我国很多地方都有"立蛋"的习俗。本节实验借用秋分的民间习俗,用鸡蛋做实验。实验原理是蛋壳中的碳酸钙与醋酸反应,醋酸将蛋壳腐蚀,从而在蛋壳上刻字,让鸡蛋站立在桌面上,将鸡蛋内膜取出,制作无壳鸡蛋等。

【实验内容】

实验 4.4.1　秋分立蛋

【主要实验原料】
9 ℃白醋、醋精、$3 \ mol \cdot L^{-1}$ 稀盐酸、蜡烛、深色蛋壳鸡蛋。

【主要实验器材】
石棉网、酒精灯、棉签棒、小烧杯、表面皿、玻璃棒、镊子、滴管。

【实验步骤与实验现象】
1. 蛋壳刻字

取一段蜡烛,放入研钵中捣碎,将粉末状的蜡烛放入小烧杯中加热,使之融化。用毛笔蘸取液态蜡,在之前煮熟的蛋壳上写几个简单的字或涂鸦。待蛋壳上的蜡冷却凝固之后,将鸡蛋放入醋精和 9 ℃白醋按 1∶1 体积之比配制的溶液中,用玻璃棒搅拌,使鸡蛋表面与溶液充分接触。当深色蛋皮全部脱落,蛋壳颜色明显变白时,将鸡蛋取出。用手搓掉蛋壳表面残留的深色蛋皮,使蛋壳颜色均匀,用清水冲洗尽蛋壳表面的酸溶液,擦干水。用小刀轻轻刮去蛋壳表面的蜡,之前涂鸦的字画便刻在了蛋壳上。

2. 鸡蛋站立

在一个空的酸奶杯中倒入约 15 mL 9°白醋,将刻好字的鸡蛋放入其中。大约 4 小时之后,浸泡在白醋中的蛋壳底部变软。将鸡蛋取出,可在桌面上站立。如果改成醋精,浸泡时间会大大缩短。如果改用 3 mol·L⁻¹ 稀盐酸,那么浸泡时间会更短。方法是在表面皿上倒入少量 3 mol·L⁻¹ 稀盐酸。将鸡蛋底部浸在 3 mol·L⁻¹ 稀盐酸中,并不断研磨,直至鸡蛋底部变软,能站立在桌面上。

鸡蛋能够站立之后,用玻璃棒戳破变软的蛋壳部位,将蛋清蛋黄引流出来,清洗蛋壳内部,得到刻好字的能站立的鸡蛋壳。

【实验说明】

1. 鸡蛋刻字步骤中,要等蛋皮全部脱落,蛋壳颜色发白时再从酸液中取出。如果浸泡不充分,取出清洗后再放回去浸泡,那么蛋壳颜色就会不均匀。反之,如果浸泡时间过长,那么做好的成品蛋壳上会有裂纹。

2. 用小刀刮蜡时,用力不宜过猛,否则易将蛋壳刮碎。

实验 4.4.2　取鸡蛋膜

【主要实验原料】

9 ℃白醋(或醋精或 3 mol·L⁻¹稀盐酸)、空蛋壳。

【主要实验器材】

镊子、滴管。

【实验步骤与实验现象】

向空蛋壳内倒入 9°白醋,摇匀,使白醋充分浸润鸡蛋内膜。将蛋壳放在桌面上轻轻敲击。当蛋壳变脆,很容易敲碎时,倒出酸液。在水龙头下冲洗蛋壳内外,用手将蛋壳与鸡蛋内膜轻轻剥离,或用镊子小心地将鸡蛋膜从蛋壳上剥离下来。

【实验说明】

1. 将9°白醋改成醋精或$3\,mol\cdot L^{-1}$稀盐酸,酸液浸润蛋壳内膜的时间会缩短。

2. 剥蛋壳要非常小心,以免弄碎鸡蛋内膜。

实验4.4.3　无壳鸡蛋

【主要实验原料】

9 ℃白醋、鸡蛋。

【主要实验器材】

小烧杯、玻璃棒、牙刷、培养皿。

【实验步骤与实验现象】

在小烧杯中放入一枚鸡蛋,加入9 ℃白醋浸泡。鸡蛋表面吸附大量气体,蛋皮也逐渐脱落。隔一段时间可用玻璃棒搅拌鸡蛋。大约4小时之后,鸡蛋表面的蛋壳变成疏松颗粒状时将其取出,放在盛有水的培养皿中,用牙刷轻轻刷去疏松蛋壳,清洗后得到无壳鸡蛋。如果蛋壳刷不下来,可放回去浸泡后再刷洗。

【实验说明】

1. 用牙刷刷蛋壳时要轻轻用力,防止把鸡蛋膜刷破。

2. 将9°白醋改为醋精,可大大缩短鸡蛋的浸泡时间。

第5节　肥皂泡

实验演示

【教学链接】

知识链接:表面活性剂

技能链接:量筒的使用、电子秤的使用

方法链接:氢气检验、实验设计方法

"泡"是由液体薄膜包围着的气体。肥皂可将水的表面张力减少到吹泡泡所需的最佳张力。肥皂泡的形成要素包括液体的黏度、延展性、蒸发率和表面张力。要形成大的泡泡,不但要增加起泡液的黏度,而且蒸发率也必须降低。因为水的蒸发很快，水蒸发时，泡泡表面一破，泡就消失了。所以在起泡液里加入一些防止水分蒸发的吸湿物质，比如甘油等，以增加起泡液的黏度，减缓水的蒸发速度，使得气泡维持更久。能产生大量稳定气泡的物质称为发泡剂。发泡剂一般来说都是表面活性剂。当表面活性剂吸附于气、液界面上，就形成了较牢固的液膜，并使表面张力下降，从而增加了液体与空气的接触面，加上被吸附的表面活性剂对液膜的保护作用，液膜就比较牢固。这就是表面活性剂的起泡作用。许多家用洗护用品的主要成分中都含有表面活性剂。

　　本节实验将洗手液、蜂蜜、护肤甘油和隔夜浓茶水加以混合配制肥皂泡起泡液（发泡剂）。运用正交试验法探究四种物质（又称因素）的用量比。采用 $L_9(3^4)$ 正交表设计实验方案。首先确定起泡液4个因素的水平，如表4-5-1所示。然后确定起泡液吹出的肥皂泡的质量评分指标，如表4-5-2所示。再将表4-5-1中的因素及水平填入 $L_9(3^4)$ 正交表（详见本书第2章第3节（一）《正交试验法》的表2-3-1），得到肥皂泡起泡液配方的 $L_9(3^4)$ 正交试验安排表，如表4-5-3所示。

表 4-5-1　起泡液的因素与水平

因素	A	B	C	D
	洗手液/g	蜂蜜/g	护肤甘油/d	隔夜浓茶水/mL
水平 1	5	3	1	10
水平 2	7	4	2	15
水平 3	9	5	3	20

表 4-5-2　肥皂泡质量的评分指标

直径大小/cm	25	30	35	40	45	50	55	60	65	70
赋值	10	20	30	40	50	60	70	80	90	100

表 4-5-3　肥皂泡起泡液配方的 $L_9(3^4)$ 正交试验安排表

实验号	影响因素				得分
	洗手液/g	蜂蜜/g	护肤甘油/d	隔夜浓茶水/mL	
1	5	3	1	10	X1
2	5	4	2	15	X2

(续表)

实验号	影响因素				得分
	洗手液/g	蜂蜜/g	护肤甘油/d	隔夜浓茶水/mL	
3	5	5	3	20	X3
4	7	3	2	20	X4
5	7	4	3	10	X5
6	7	5	1	15	X6
7	9	3	3	15	X7
8	9	4	1	20	X8
9	9	5	2	10	X9
I_j	X1+X2+X3	X1+X4+X7	X1+X6+X8	X1+X5+X9	1. 每个因素中的最佳水平为 I_j、II_j、III_j 中的最大值
II_j	X4+X5+X6	X2+X5+X8	X2+X4+X9	X2+X6+X7	
III_j	X7+X8+X9	X3+X6+X9	X3+X5+X7	X3+X4+X8	2. 因素影响力按照 R_j 排序
R_j	最大值－最小值	最大值－最小值	最大值－最小值	最大值－最小值	

在表 4-5-3 中选取一个实验号，记录该号实验中洗手液、蜂蜜、护肤甘油和隔夜茶水的用量。由于洗手液和蜂蜜黏稠度高，因此称取质量比量取体积更加准确。将空杯放在电子秤上，向其中依次加入规定量的洗手液和蜂蜜。取下杯子，再向其中加入规定量的护肤甘油和隔夜茶水。搅拌均匀。用少量配好的起泡液将桌面涂抹润湿，蘸取起泡液在桌面上吹出肥皂泡。待肥皂泡破裂后，用卷尺测量肥皂泡直径。吹三次，取最大值记入表格。按照同样操作完成表 4-5-3 中的其他平行实验。表 4-5-3 中的 9 个平行实验应在同一时间段内完成，且吹泡泡的人员应固定。

【情境设计】

情境 4.5.1 吹泡泡比赛

按照实验 4.5.1 所示步骤提前配好起泡液。组织吹泡泡比赛。比赛内容有两项：

1. 看谁吹得大。在桌面上涂抹少量起泡液，用吸管蘸取少量混合溶液。均匀用力,在涂抹起泡液的桌面上吹出一个很大的肥皂泡。待肥皂泡破裂后,用卷尺测量肥皂泡破裂时的直径。根据直径大小决出胜负。

2. 看谁弹得多。用饮料吸管向空中吹个肥皂泡,当肥皂泡落下时用手肘或膝盖去触碰,使它弹起来。当肥皂泡落下时,再次触碰。数数能弹多少次。根据肥皂泡弹起次数决出胜负。

情境 4.5.2　探究实验

按照正交试验法改变起泡液配方,探究巨型肥皂泡起泡液的最佳配方。探究方案以肥皂泡直径为测量指标,改变起泡液配方中的一种成分,比如将洗手液改为洗洁精,或者改变一种成分的比例,比如增加护肤甘油的用量,同时控制住其他成分及其用量不变,观察哪种成分的起泡液能吹出更大直径的泡泡。

【实验内容】

实验 4.5.1　配制起泡液

【主要实验原料】
羊毛衫洗涤剂、隔夜浓茶水、蜂蜜、护手甘油、水。

【主要实验器材】
电子秤、玻璃棒、塑料滴管、吸管、玻璃棒、卷尺。

【实验步骤与实验现象】
在电子天平上放一个玻璃棒,向杯中加入羊毛衫洗涤剂 7 g、蜂蜜 4 g、隔夜茶 5 mL、水 9 mL,护手甘油 2 滴,搅拌均匀,得到肥皂泡的起泡液。

【实验说明】
1. 除了羊毛衫洗涤剂以外,其他含有表面活性剂成分的洗护用品也可以用来配制肥皂泡的起泡液。比如洗手液、沐浴液、洗洁精、洗发水等。尽量挑选泡沫丰富的洗护用品做此实验。

2. 浓茶最好提前一天泡好。起泡液最好是现用现配。

3. 大气压强、空气温度和湿度都会影响肥皂泡的吹泡效果。同样的起泡液,在不同天气条件下的吹泡效果不一样。寒冷干燥的天气条件有利于提高肥皂泡效果。

4. 吹肥皂泡时，要均匀缓慢用力。在桌面上吹出的肥皂泡最大直径可达到七十厘米左右。弹性泡泡的个数最多可达 100 个左右。

5. 此实验若演示给初三年级以下儿童，应隐去商品名称和标识，以防其模仿，在家中任意混合液体。详见本书第 5 章第 3 节《教学原则》（安全性）。

第 6 节　化学"鞭炮"

实验演示

【教学链接】

知识链接：水的电解、水的组成、氢气检验

技能链接：溶液配制

氢气是一种可燃性气体，与氧气混合后会产生爆鸣声。氢、氧混合气的爆鸣实验具有一定危险性。改用肥皂泡收集氢、氧混合气后再点燃，则可提高实验安全性。实验时，将氢气通入肥皂泡的起泡液时，氧气也会混入气泡，得到氢、氧混合气泡，点燃气泡会发出爆鸣声。电解水产生的氢气和氧气混合气体通入肥皂泡起泡液也会产生很多氢、氧混合气泡，且由于混合气体由水电解而产生，因此氢气、氧气体积之比接近 2：1。点燃气泡，产生的爆鸣声更为剧烈。

【情境设计】

桌上并排摆放若干个塑料瓶盖，瓶盖中装满氢氧混合气泡。用一根带火的长木条，依次点燃瓶盖中的小气泡，能听到连续爆鸣声，犹如放鞭炮。本实验适合营造欢乐喜庆气氛，可与多彩喷泉、化学"烟花"等实验合并表演。

【实验内容】

实验 4.6.1　化学"鞭炮"

【主要实验原料】

食用纯碱粉末、蒸馏水、肥皂泡起泡液。

【主要实验器材】

9 V 干电池、烧杯、玻璃棒、药匙、电子秤、蒸发皿、橡皮塞、导管、乳胶管、尖嘴管、广口小型饮料瓶（瓶口直径允许放入 9 V 干电池）、坩埚钳、火柴。

【实验步骤与实验现象】

1. 配制溶液：烧杯中加入 200 mL 蒸馏水。称取 10 g 食用纯碱粉末，分批次溶解，充分搅拌得到纯碱溶液。在培养皿中倒入起泡液。

2. 组装仪器：选择一个广口小型饮料瓶和与之配套的带导管的橡皮塞。导管另一端连接一根尖嘴管。

3. 制取"鞭炮"混合气：将三节 9 V 干电池放入反应装置中，倒入适量纯碱溶液淹没电池，塞紧橡皮塞。将电解产生的气体通入肥皂泡起泡液中。

4. 点"鞭炮"：用多个药匙或塑料瓶盖舀取"鞭炮"混合气泡，并排摆放。用坩埚钳点燃，发出剧烈爆鸣声，似"鞭炮"声。

【实验说明】

1. 本实验不宜给初三年级以下儿童演示，以防他们模仿。

2. 本实验有一定危险性。但是遵循以下原则可将危险降低：① "鞭炮"混合气泡不能放在玻璃仪器中点燃。以免震碎玻璃产生危险。② 不可直接在尖嘴管点燃，以防将火苗引入反应容器，引发更为剧烈的爆炸。③ 气体发生装置所用饮料瓶不能用玻璃瓶，必须是塑料瓶。

3. 肥皂泡起泡液的配制方法详见本书实验 4.5.1。

第 7 节　化学"烟花"

实验演示

【教学链接】

知识链接：燃烧与灭火、焰色反应、金属燃烧

二锅头中的酒精含量大约 50%。点燃浸透二锅头的纸巾以后，酒精开始燃烧。由于有大量水的存在，燃烧产生的热使水分蒸发，温度达不到纸巾的着火点，因此纸巾不能燃烧。酒精燃烧完毕后，纸巾依然完好无损。向火焰上洒铜盐，火焰呈现铜离子在焰色反应中的绿色。向火焰上洒铝粉或还原铁粉，呈现金属燃烧现象。

【情境设计】

情境 4.7.1　烧不坏的餐巾纸

　　点燃一张"湿纸巾",产生熊熊燃烧的火焰。为了使火焰更明显,可以在火焰上洒铜盐、火焰呈现绿色;洒钠盐,火焰呈现黄色;洒铝粉,火焰呈现亮闪闪的银白色;洒还原铁粉,火星四射。火焰熄灭之后,"湿纸巾"依然完好无损,请学生解释现象。

情境 4.7.2　化学"烟花"

　　如果将铜盐、铝粉和铁粉混合在一起洒向火焰,那么有"放烟花"的实验效果,颇有节日气氛。此实验可与多彩喷泉、化学"鞭炮"等实验合并表演。

【实验内容】

实验 4.7.1　化学"烟花"

【主要实验原料】
　　二锅头白酒、纸巾、铜盐粉末及溶液、钠盐粉末及溶液、铝盐粉末、还原铁粉。

【主要实验器材】
　　坩埚钳、火柴、药匙、喷壶。

【实验步骤与实验现象】
　　将一条长纸巾铺在实验台上,在纸巾上交替洒铜盐粉末和钠盐粉末。然后在纸上倒入二锅头白酒使纸巾浸透。点燃纸巾一端,火焰开始沿着纸巾蔓延,交替出现绿色火焰和黄色火焰。再取一条干纸巾,倒入二锅头白酒浸透,点燃。用装有铜盐溶液的喷壶将铜盐溶液喷向火焰,出现绿色火焰。用药匙取还原铁粉洒向火焰,出现大量金色火星。再用铝粉洒向火焰,出现银色火星。改用混合盐粉末,出现各色火星,看似"烟花"。

【实验说明】

1. 实验桌周围不能有其他易燃易爆物。同时做好防火措施。
2. 此实验不宜向初三年级以下儿童展示，以防擅自模仿，产生危险。

第8节　神奇的维生素饮料

实验演示

【教学链接】

知识链接：化学反应速率的影响因素、氧化还原反应、氧化还原指示剂、燃烧与灭火、大气压、氧气

技能链接：溶液配制

富含维生素C的饮料均可用来做此实验，尤以"脉动"效果最好。"摇摇乐"的实验原理是蓝瓶子实验，"饮料碘时钟"实验的原理是碘时钟实验。这两个实验的基本原理详见本书第2章第2节《生活化学实验设计的化学原理》。空手吸瓶的实验原理是大气压。当二锅头白酒在瓶内燃烧时，瓶内气体受热膨胀溢出。用手堵住瓶口后，燃烧停止，瓶内温度下降，气体收缩，瓶内压强小于外界大气压，瓶身被压瘪。空手吸瓶的实验还可证明空气中氧气的存在及氧气的助燃性。

【情境设计】

情境4.8.1　摇摇乐

按照实验4.8.1配制一瓶脉动溶液。表演时教师展示这瓶脉动溶液，用力振荡或摇晃，溶液变为蓝色。再放在桌上静置，片刻后溶液褪为无色。再次振荡或摇晃，溶液又变为蓝色。再放在桌上静置，片刻后溶液又褪为无色。如此反复，会出现"振荡→蓝色；静置→无色"的现象。给学生发一次性塑料滴管，吸取瓶中溶液，倒置滴管，使溶液进入球泡位置。学生振动滴管，然后静置，近距离观察"振荡→蓝色；静置→无色"的现象。

情境 4.8.2 "刹那间的脉动"魔术表演

按照实验 4.8.2,准备好溶液 B 和溶液 C 各一份。

表 4-8-1　魔术表演"刹那间的脉动"

场景:并排摆放无色溶液 A 和 B	
动　作	现　象
混合两个烧杯中的溶液	无现象
在实验现象的等待期内,表演者创设一个故事情境,分散观众注意力	无现象
表演者将观众注意力引向混合溶液	溶液突然变蓝

情境 4.8.3　隔杯变色

按照实验 4.8.2,准备好溶液 A 和溶液 B 各 X 份。溶液 B 分别编号为 B1、B2、B3、B4、…、Bx。请 X 位同学参与表演,分别编号 1、2、3、4、…、x。每位同学手持一份 40 mL A 溶液,站在同号 B 溶液面前。学生从站立位置走到实验台,混合 B、A 溶液,再返回到站立位置。

表 4-8-2　群体魔术"隔杯变色"

场景:桌上并排摆放 X 份无色溶液 B	
动　作	现　象
编号为 1 的同学走向 B1 溶液,将手里的 A 溶液倒入 B1 溶液,然后离开	无现象
编号为 2 的同学走向 B2 溶液,将手里的 A 溶液倒入 B2 溶液,然后离开	B1 溶液变蓝
编号为 3 的同学走向 B3 溶液,将手里的 A 溶液倒入 B3 溶液,然后离开	B2 溶液变蓝
……	……
编号为 x 的同学走向 B(x−1)溶液,将手里的 A 溶液倒入 B(x−1)溶液,然后离开	B(x−1)溶液变蓝

情境 4.8.4　溶液配制基本操作

实验 4.8.2 可用于溶液配制实验的教学,练习或考核量筒、滴管等基本操作,有助于培养严谨认真的实验态度。该实验需要配制三种溶液,等待期和变色期对溶液浓度非常敏感,如果配制过程中溶液用量不准确,就会通过变色时间显示出来,学生的实验质量立竿见影,客观公正。

情境 4.8.5　化学动力学主题教学

提高反应体系温度,实验 4.8.1 中溶液褪色速率加快,实验 4.8.2 中溶液的颜色突变现象提前,说明升高温度可以加快反应速率。实验 4.8.1 中减少纯碱用量,溶液褪色速率减慢,实验 4.8.2 中减少碘酊溶液用量,颜色突变现象延迟,说明减少反应物浓度可以减慢反应速率。

【实验内容】

实验 4.8.1　摇摇乐

【主要实验原料】
脉动、食用纯碱粉末、亚甲基蓝粉末、纯净水。

【主要实验器材】
滴管、电子天平、量筒、烧杯、玻璃棒。

【实验步骤与实验现象】
1. 配制纯碱溶液:称取 20 g 食用纯碱粉末,分三次放入盛有 100 mL 纯净水的小烧杯中,搅拌均匀。将配好的食用纯碱溶液转移至贴有"食用纯碱溶液"标签的试剂瓶。

2. 配制亚甲基蓝溶液:取少量亚甲基蓝粉末溶于纯净水,至溶液呈现深蓝色,搅拌均匀。

3. 配制"摇摇乐"溶液:按照 V(脉动)∶V(纯碱溶液)∶V(亚甲基蓝溶液)＝3∶3∶1,搅拌均匀。

4. 实验表演:将配好的"摇摇乐"溶液在两个烧杯中来回倾倒。变成蓝色之后静置,蓝色褪为无色。再来回倾倒,溶液又变成蓝色。也可将"摇摇乐"溶液放在饮料瓶中,拧上盖子后振荡或摇晃饮料瓶,瓶中溶液变为蓝色,静置后溶液褪为无色。这一表演可以重复很多次。

【实验说明】

1. "摇摇乐"实验中,如果褪色时间较长,可以增加纯碱溶液的用量,或者给溶液适当水浴加热。夏天做此实验,褪色速度更快。

2. 此实验若演示给初三年级以下儿童,应隐去商品名称和标识,以防其模仿,在家中任意混合液体。详见本书第 5 章第 3 节《教学原则》(安全性)。

实验 4.8.2　饮料碘时钟实验

【主要实验原料】

2‰碘酊、过氧化氢消毒液(过氧化氢含量为 35.00 g/L～41.00 g/L)、脉动、白醋(总酸含量≥5.00 g/L)、马铃薯淀粉。

【主要实验器材】

烧杯、量筒、秒表、玻璃棒、电子天平、电水壶。

【实验步骤与实验现象】

1. 取 10 g 马铃薯淀粉放入 200 mL 冷水中搅拌,再将其倒入 300 mL 沸水中,搅拌均匀,静置澄清,得马铃薯淀粉溶液。

2. 配制 A 溶液:过氧化氢消毒液与白醋按照体积之比 2∶1 均匀混合,再加少许马铃薯淀粉溶液。

3. 配制溶液 B:取少量碘酊,加入脉动,至溶液颜色恰好褪为无色。取无色溶液 25 mL 与 5 mL 脉动均匀混合,得溶液 B。

4. 演示表演:在烧杯中倒入 B 溶液 30 mL,再倒入 A 溶液 40 mL。当溶液 A 倒入后稍等片刻,无色的混合溶液瞬间变成蓝墨色。

【实验说明】

1. 淀粉最好用马铃薯淀粉。其他遇碘能迅速变为蓝色的淀粉也可以用。

2. 不同厂家生产的碘酊和脉动,在不同温度下,实验效果会不同。本方案所用碘酊与脉动在配制 A 溶液时的体积之比为 1∶37。在本方案的重复性验证实验中,采用了其他品牌的碘酊和脉动配制 A 溶液,发现体积之比变为 1∶7,实验的等待期和变色期也发生了变化。

3. 可采取以下方法控制实验中等待期和变色期的时间:增加脉动饮料用量,可延长等待期。增加碘酊用量,等待期和变色期都缩短,其中变色期缩短得更明显。加热可使等待期和变色期都显著缩短。

4. 此实验若演示给初三年级以下儿童,应隐去商品名称和标识,以防其模仿,在家中任意混合液体。详见本书第 5 章第 3 节《教学原则》(安全性)。

实验 4.8.3 空手吸瓶

【主要实验原料】

硬质塑料瓶(如脉动塑料瓶)、二锅头白酒。

【主要实验器材】

火柴、量筒。

【实验步骤与实验现象】

在空的硬质塑料瓶中倒入约 30 mL 二锅头白酒,点燃一根火柴扔入瓶中。二锅头白酒开始燃烧。片刻之后,在火焰熄灭之前,用手掌心摁住瓶口,稳住动作。待瓶身开始变瘪时,轻轻抬起手臂,饮料瓶被手掌心吸住,随着手掌一起被抬起。

【实验说明】

1. 本实验中,用掌心摁住瓶口的时机较为关键。太早了,二锅头燃烧不充分,瓶内温度不够高,难以产生压强差,瓶子吸不住。太晚了,瓶内温度过高,会烫手。需要尝试几次积累经验。

2. 如果实验失败,要用水洗涤塑料瓶,降低瓶中温度,并赶尽其中残余的二氧化碳气体。否则会影响下一次实验效果。

3. 塑料瓶身的硬度要适中。太软的塑料瓶经受不了二锅头酒精的燃烧,容易变形。太硬的塑料瓶又不容易变瘪。盛装脉动饮料的塑料瓶身的硬度适中,适用于本实验。选用其他塑料瓶做本实验时可参考脉动塑料瓶的硬度。

4. 本实验不宜向初三年级以下儿童展示。

实验演示

第9节 厨房里的实验

知识链接：维生素、生活中常见的氧化剂、生活中的酸碱指示剂、氧化还原反应

技能链接：稀溶液的配制

蔬菜、水果、饮料中富含还原性物质，比如维生素和糖类物质。生活中的常见氧化剂有氧气、碘酊和双氧水等。果蔬饮料易被这些氧化剂氧化。通过特定指示剂显示氧化还原反应的终点。以碘酊为例，它的主要成分是单质碘，碘可以使淀粉显蓝色。将碘单质加入含有淀粉的还原性溶液时，单质碘被还原成碘离子，溶液无色。当还原性物质消耗完毕时，再加入碘酊，过量的碘就会使淀粉变蓝，从而显示氧化还原反应的结束。本节实验4.9.1是用碘酊测定饮料果蔬中的还原性物质含量。本书实验3.5.2"果蔬彩瓶子"是饮料果蔬中的还原性物质被氧气氧化的实验，亚甲基蓝是氧化还原指示剂。实验3.5.1"红椒碘时钟实验"中，氧化剂是碘酊和双氧水，显色物质是淀粉。除了富含还原性物质以外，一些蔬菜、水果、饮料中还含有可以显示溶液酸碱性的物质。这些饮料果蔬可以作为酸碱指示剂使用。本节实验4.9.2即是饮料果蔬作为酸碱指示剂的实验。维生素C不仅具有还原性，它还具有酸性。除了维生素C以外，饮料果蔬中还富含其他有机酸。本节实验4.9.3是测定饮料水果中酸性物质的含量。

配制某浓度溶液时，在称取固体质量和量取液体体积时都不可避免会带来测量误差。称取质量越小、量取体积越小，实验误差越大。反之，称取质量越大、量取体积越大，实验误差越小。通过稀释法可以减少溶液配制误差，即首先配制浓度大的溶液，通过扩大溶质的称取质量和溶液体积，减少实验误差。最后再稀释到所需浓度。

如果教学时间充裕，本节实验4.9.1和4.9.2以及第3章的"红椒碘时钟""果蔬彩瓶子"实验可以安排在一次学生活动或者实验表演中。夏天是

做饮料果蔬实验的最佳时间。因为夏天气温高,反应体系温度也高,溶液变色褪色速率快,现象明显。此外,夏天是水果蔬菜大量上市的季节,原料丰富,价廉物美,放大试剂用量可提升视觉效果。因此,饮料果蔬实验特别适合于暑期科学夏令营活动。实验时,可让每位学生都参与实验,体验操作乐趣。

【实验内容】

实验 4.9.1　还原性物质检测

【主要实验原料】

待测样品(蔬菜汁、果汁或者饮料)、碘酊、马铃薯淀粉、蒸馏水。

【主要实验器材】

锥形瓶、滴管若干、白纸、榨汁机、电子天平、玻璃棒。

【实验步骤与实验数据】

1. 准备样品:蔬菜、水果用榨汁机榨成汁液,饮料要挑选维生素 C 含量≥15％的样品。给待测样品贴上标签。

2. 稀释碘酊:将市售碘酊和纯净水按照 1∶10 和 1∶20 的体积比稀释,得到稀释 10 倍和稀释 20 倍的碘酊溶液。

3. 配制马铃薯淀粉溶液:取 10 g 马铃薯淀粉放入 200 mL 冷水中搅拌,再将其倒入 300 mL 沸水中,搅拌均匀,静置澄清,得马铃薯淀粉溶液。

4. 测定样品:将若干个小锥形瓶并排摆放在一张白纸上,分别贴上写有样品名称的标签。向每个杯中分别加入 10 滴与标签名称相对应的待测样品。再向每个杯中加入约 20 mL 蒸馏水和 5 滴淀粉溶液。从左往右依次平行滴入稀释 10 倍的碘酊,摇匀溶液。当锥形瓶中有蓝色出现且摇匀后颜色不褪时,记录碘酊滴数,并移走该样品。继续向其余锥形瓶中平行滴入碘酊,移走变蓝的样品,并记录该样品溶液所耗碘酊滴数。直至所有样品溶液均变为蓝色为止。所用碘酊滴数最少,最先变蓝的样品中还原性物质含量最少。所用碘酊滴数最多,最后变蓝的饮料中还原性物质含量最多。

5. 进一步测定:如果两种样品溶液消耗同样多的稀释 10 倍的碘酊,那么可改用稀释 20 倍的碘酊溶液进一步测定,先变蓝的样品溶液中还原性物质少。

表 4-9-1　还原性物质检测数据记录与结论

待测样品名称				
碘酊滴数或变蓝顺序				
还原性物质含量顺序				

【实验说明】

1. 本实验中检测出的还原性物质高的饮料、水果、蔬菜均可用来做第三章的红椒碘时钟实验、果蔬彩瓶子实验和饮料变色实验。

2. 要选用遇到碘立刻变蓝的淀粉。马铃薯淀粉是较好选择。

3. 此实验若演示给初三年级以下儿童,应隐去商品名称和标识,以防其模仿,在家中任意混合液体。详见本书第 5 章第 3 节《教学原则》(安全性)。

实验 4.9.2　酸碱指示剂

【主要实验原料】

紫包菜、火龙果饮料、红萝卜皮、纯碱、小苏打、管道通疏通剂、纯净水、3.5°白醋、6°白醋、9°白醋。

【主要实验器材】

榨汁机、小烧杯、滴管、试管、试管架、标签纸、医用手套。

【实验步骤与实验现象】

1. 准备酸碱指示剂:洗净烧杯和玻璃棒,用纯净水润洗。取红萝卜皮碎片洗净,剪碎放入洗净的小烧杯;倒入少量纯净水,充分搅拌后即得红萝卜皮汁。将汁液转移至写有"红萝卜皮汁"的试剂瓶。同样方法制备紫包菜汁。也可用榨汁机榨取紫甘蓝汁和红萝卜皮汁。

2. 配制碱性溶液:称取 20 g 食用纯碱溶于 100 mL 蒸馏水,配成纯碱溶液。称取 8 g 食用小苏打溶于 100 mL 蒸馏水,配成小苏打溶液。带上医用手套,称取 4 g 管道通固体,剔除其中的金属小颗粒,溶于 100 mL 蒸馏水,配成管道通溶液。

3. 检测溶液酸碱性。按照以下顺序各取 2 mL 溶液于试管中,并贴上写有溶液名称的标签:管道通、纯碱、小苏打、纯净水、3.5°白醋、6°白醋、9°白醋。将上述 7 支试管并排放置在试管架上,分别加入 1 mL 紫甘蓝汁,观察

7支试管中的颜色。再分别改用红萝卜皮汁和火龙果饮料滴入7支试管，观察溶液颜色。

表 4-9-2　酸碱指示剂数据记录

酸碱溶液	管道通	纯碱	小苏打	纯净水	3.5°白醋	6°白醋	9°白醋
紫甘蓝汁							
红萝卜皮汁							
火龙果饮料							

【实验说明】

1. 纯净水是指商品名称为含有"纯净水"字样的市售饮用水。管道通疏通剂中的主要成分是氢氧化钠。配制管道通溶液时要戴手套。

2. 此实验若演示给初三年级以下儿童,应隐去商品名称和标识,以防其模仿,在家中任意混合液体。详见本书第5章第3节《教学原则》(安全性)。

实验 4.9.3　酸性物质检测

【主要实验原料】

青椒、猕猴桃、柠檬、脉动饮料、维他命水、管道通固体、纯净水、紫甘蓝。

【主要实验器材】

小烧杯、100 mL 量筒、10 mL 量筒、小锥形瓶、玻璃棒、滴管、电子天平、榨汁机、白纸。

【实验步骤与实验现象】

1. 配制溶液:称取 4 g 不含金属小颗粒的管道通固体,加入 100 mL 纯净水中,配成浓度约为 $1 \text{ mol} \cdot \text{L}^{-1}$ 的管道通溶液。取 10 mL $1 \text{ mol} \cdot \text{L}^{-1}$ 管道通溶液加入 90 mL 纯净水,搅拌均匀,得 $0.1 \text{ mol} \cdot \text{L}^{-1}$ 管道通溶液。

2. 准备待测样品:用榨汁机将青椒、猕猴桃、柠檬、紫甘蓝榨成汁液。并排摆放小锥形瓶,分别贴上写有"青椒""猕猴桃""柠檬""脉动""维他命水"的标签,每个锥形瓶下垫一张白纸,以便观察颜色。在小锥形瓶中分别滴入 10 滴与标签名称相符的待测样品,加入 20 mL 蒸馏水稀释。平行滴入 5 滴紫甘蓝汁,摇匀。

3. 检测酸碱性:向每个锥形瓶中平行滴入 $0.1 \text{ mol} \cdot \text{L}^{-1}$ 管道通溶液,直到颜色突变为浅蓝色。移走发生颜色突变的锥形瓶,继续平行滴定剩下的待测样品,直到最后一种汁液发生颜色突变。最先出现颜色突变的样品,所含酸性物质最少。最后出现颜色突变的样品,所含酸性物质最多。

表 4-9-3　酸性物质检测数据记录与结论

待测样品	青椒	猕猴桃	柠檬	脉动饮料	维他命水
移走顺序					
酸性物质含量排序					

【实验说明】

1. 增加称量质量和液体量取体积可以减小测量误差。因此溶液配制时先配制高浓度溶液,再用稀释法得到所需低浓度溶液,这样可以提高溶液配制的准确度。本实验中 $0.1\ mol\cdot L^{-1}$ 管道通溶液的配制采用了该方法提高准确度。

2. 此实验若演示给初三年级以下儿童,应隐去商品名称和标识,以防其模仿,在家中任意混合液体。详见本书第 5 章第 3 节《教学原则》(安全性)。

第 10 节　"果冻"实验

实验演示

【教学链接】

知识链接:硅胶、缓冲溶液

硅酸钠是水玻璃的主要成分。硅酸钠遇酸会生成固体硅胶。硅胶的生成反应比较复杂,实验时溶液的浓度、温度、酸度、试剂添加顺序(把硅酸钠溶液加入酸中还是把酸加入硅酸钠溶液中)等,对产物都有很大影响。溶液的 pH 和温度对硅胶的生成影响最大。当溶液 pH 为 3.2～5.7 时加热可得到硅胶,5.8～10.6 不加热即得到硅胶,10.7～11.0 加热可得到硅胶。用盐酸与硅酸钠反应很难控制好溶液 pH 这个重要条件。而改用磷酸与硅酸钠反应,溶液的 pH 则能很好控制。因为磷酸与饱和硅酸钠混合会依次形成3种缓冲:$H_3PO_4 - H_2PO_4^-$,$H_2PO_4^- - HPO_4^{2-}$,$HPO_4^{2-} - PO_4^{3-}$。由磷酸的三级解离常数 $pK_{a_1}=2.12$,$pK_{a_2}=7.20$,$pK_{a_3}=12.36$ 可知,三个缓冲对的缓冲范围分别为 1.12～3.12、6.20～8.20 和 11.36～13.36,并且在 pH 为 2.12、7.20 和 12.36 时缓冲能力最强。其中,pH＝6.20～8.20 有利于控制上文给出的

5.8～10.6不加热的这一反应条件。其他两个缓冲范围与上文给出的反应条件略有出入,但极为接近,所以这两个反应条件还需要加热作为辅助条件。醋酸是一种弱酸,它与硅酸钠溶液也可形成缓冲溶液。因此,将盐酸换成醋酸也有助于溶液 pH 的控制,从而提高硅胶形成的成功率。

紫甘蓝汁的作用在于可以及时判断溶液的 pH。通过该指示剂,我们不但可以直观且准确地判断溶液的酸度以控制硅胶制备的最佳 pH,提高实验的成功率,而且实验中生成的五颜六色的硅胶还可以增加实验的趣味性。

【情境设计】

情境 4.10.1　溶液凝固

参照实验 4.10.1 配制好溶液。试管中盛有某种颜色溶液(红色、或橙色、或绿色、或蓝色、或紫色),向试管中滴加另一种无色溶液,边滴边振荡。突然,将试管倒置,"溶液"并未流淌下来,而是凝固在试管底部,产生"吓人一跳"的视觉效果。

情境 4.10.2　"果冻雨花石"

硅胶可以在不同 pH 条件下生成,紫甘蓝汁在不同 pH 条件下又会显示各种漂亮的颜色。如果一个试管中交替加入酸和硅酸钠,会产生各种混合颜色的硅胶,看起来像南京特产雨花石。

情境 4.10.3　彩虹"果冻"

用紫甘蓝汁作酸碱指示剂,可以做出红色、绿色、蓝色和紫色硅胶。绿色硅胶静置后会变为黄色。让每一位学生亲手制备硅胶,比一比谁制备的硅胶颜色多。将装有彩色硅胶的试管并排倒置在试管架上,凝固在试管底部的各色硅胶看起来赏心悦目。五颜六色的硅胶可与彩虹媲美。与彩虹系列颜色相比,还少一个橙色。可以用甲基橙指示剂来代替紫甘蓝汁,做出橙色硅胶。

【实验内容】

实验 4.10.1 "果冻"实验

【主要实验原料】

紫包菜、硅酸钠固体、浓磷酸、浓盐酸、蒸馏水、甲基橙。

【主要实验器材】

榨汁机、一次性塑料滴管、小试管、试管架、量筒、小烧杯、玻璃棒、电水壶、通风橱。

【实验步骤与实验现象】

1. 实验准备

（1）洗净紫甘蓝叶片，用榨汁机榨取紫甘蓝汁。或者取少量新鲜紫甘蓝叶片，剪碎后加入少量蒸馏水，浸取紫甘蓝汁备用。

（2）稀 HCl 溶液及稀 H_3PO_4 溶液的制备

打开通风橱，用量筒量取 10 mL 浓 HCl 缓慢加到 100 mL 蒸馏水中，边倒边搅拌，得到稀盐酸，静置备用。同样方法，用量筒量取 10 mL 浓 H_3PO_4 倒入 100 mL 蒸馏水中，边倒边搅拌，得到稀磷酸，静置备用。

（3）饱和硅酸钠溶液的制备

向 100 mL 蒸馏水中加入硅酸钠晶体，用玻璃棒搅拌溶解，至硅酸钠晶体不再继续溶解，得到饱和硅酸钠溶液。

2. 彩色硅胶的制备：参照表 4-10-1 用量制备彩色硅胶。

表 4-10-1　彩色硅胶制备试剂用量表

硅胶	制备方法
红色硅胶	1. 向 10 滴热的饱和硅酸钠和 5 滴紫甘蓝汁的混合液中滴加 26 滴 H_3PO_4，将试管至于 50～60 ℃水浴中 30 秒，生成粉红色硅胶。 2. 向 10 滴 HCl 和 4 滴紫甘蓝汁的混合液中滴热的饱和硅酸钠至蓝色（大约 6 滴），将试管置于 50～60 ℃水浴中 30 s，生成蓝色硅胶，向蓝色硅胶中加 1 滴 HCl，振荡片刻生成红色硅胶。 3. 向 10 滴 HCl 和 4 滴甲基橙的混合液中滴热的饱和硅酸钠至橙色（大约 8 滴），将试管置于 50～60 ℃水浴中 20 s，生成橙色硅胶，再加 1 滴 HCl，振荡片刻生成红色硅胶。

(续表)

硅胶	制备方法
橙色 硅胶	1. 向 10 滴 HCl 和 4 滴甲基橙的混合液中滴热的饱和硅酸钠至橙色(大约 8 滴),将试管置于 50～60 ℃水浴中 20 s,生成橙色硅胶。 2. 向 10 滴热的饱和硅酸钠和 4 滴甲基橙的混合液中滴 HCl 至橙色(大约 12 滴),将试管置于 70～80 ℃水浴中 10 s,生成橙色硅胶。
黄色 硅胶	1. 向 10 滴 HCl 和 4 滴紫甘蓝汁的混合液中滴加热的饱和硅酸钠至浅绿色(大约 8 滴,再返滴 3 滴 HCl),将试管置于 50～60 ℃水浴中 20 s,生成浅绿色硅胶,静置后变黄色。 2. 向 10 滴热的饱和硅酸钠和 4 滴紫甘蓝汁的混合液中滴 6 滴 H_3PO_4,将试管置于 50～60 ℃水浴中至溶液变成黄色,再滴 9 滴 H_3PO_4,振荡得到浅绿硅胶,静置 5 min 后得到黄色硅胶。
绿色 硅胶	1. 向 10 滴 HCl 和 4 滴紫甘蓝汁的混合液中滴热的饱和硅酸钠至蓝绿色(大约 7 滴)后,将试管置于 50～60 ℃水浴中 2～3 min,生成蓝色硅胶,静置后变成墨绿色。 2. 向 10 滴热的饱和硅酸钠和 4 滴紫甘蓝汁的混合液中加 26 滴 HCl,无须振荡直接得到浅绿色硅胶。 3. 向 10 滴 H_3PO_4 和 3 滴紫甘蓝汁的混合液中滴加热的饱和硅酸钠至绿色(大约 7 滴)后,振荡得到绿色硅胶。
蓝色 硅胶	1. 向 10 滴 H_3PO_4 和 3 滴紫甘蓝汁的混合液中滴热的饱和硅酸钠至蓝色(大约 5 滴)后,将试管置于 50～60 ℃水浴中 10 s,生成蓝色硅胶。 2. 向 10 滴 HCl 和 4 滴紫甘蓝汁的混合液中滴热的饱和硅酸钠至蓝色(大约 6 滴)后,将试管置于 50～60 ℃水浴中 30 s,生成蓝色硅胶。
紫色 硅胶	1. 向 10 滴 HCl 和 4 滴紫甘蓝汁的混合液中滴热的饱和硅酸钠至紫色(大约 5 滴),再返滴 1 滴 HCl,将试管置于 50～60 ℃水浴中 2～3 min,生成紫色硅胶。 2. 向 10 滴 H_3PO_4 和 3 滴紫甘蓝汁的混合液中滴热的饱和硅酸钠至紫色(大约 3 滴)后,将试管置于 50～60 ℃水浴中 20～30 s,生成紫色硅胶。

【实验说明】

1. 浓盐酸具有较强挥发性,为了防止浓盐酸被吸入体内,稀释浓盐酸时要在通风橱中操作。

2. 表 4-10-1 中的实验方案如果省去紫甘蓝汁或甲基橙,可制得无色硅胶。夏天做此实验可以不用水浴加热。

3. 可以在一支试管中连续制备多种颜色硅胶,形成彩色硅胶柱。

4. 表 4-10-1 中的试剂用量仅供参与。

5. 水浴加热可促进硅胶的形成。

第5章　生活化学实验课程设计

生活化学实验所用器材简单,原料安全,方便易得,能够让每个学生都参与实验,动手做实验,体验科学实验的操作乐趣。如果要系统培养学生的科学观念和科学态度,促进学生形成科学健康的生活方式,达成"知、情、意、行"的统一,就要通过整体设计的生活化学实验课程来实现。

著名教育家拉尔夫·泰勒(Ralph Tyler)曾提出课程设计需要回答的四个问题:第一,学校应该试图达到什么教育目标? 第二,提供什么教育体验最有可能达到这些目标? 第三,怎样有效组织这些教育体验? 第四,我们如何确定这些目标正在得以实现? 这四个问题为课程设计构建了基本框架。生活化学实验的课程设计也不例外,要对课程目标、课程内容、课程实施和课程评价做出具体规划。此外,课程资源是课程顺利实施的重要保障,生活化学实验资源是开设生活化学实验课程的前提条件,在做课程设计时要充分考虑。课程目标、课程内容、课程实施、课程评价、课程资源是有内在联系的统一整体,在做生活化学实验课程设计时应统筹兼顾,整体安排。

第1节　课程目标

生活化学实验课程可以面向不同年龄段的人群开设,相应的课程目标也会有所不同。根据课程目标由低到高的顺序,生活化学实验的教学对象可以分为三类:1. 对化学或科学知之甚少的成年人;2. 尚未学习化学的初三年级以下中小学生;3. 初三年级及初三年级以上正在学习化学科目的中学生和大学生。

面向成年人的生活化学实验课程以提高公众科学素养为目标。教学对象分为两类,一类是在校大学生,另一类是不在大学念书的成年人。面对第一类群体,生活化学实验课程可通过科学类通识课的形式让学生自由选修。面对第二类群体可以定期向社会开放生活化学实验室,也可以走进科技馆和社区等场所,通过多样化的形式,比如现场实验表演、举办科普宣传活动、制作化学海报墙报、制做与化学有关的"生活小窍门"的视频、开展公益类服务活动等,转变公众对化学科学的错误观念,消除化学恐惧感,帮助公众正确认识化学在社会生活和科学技术中的重要地位和作用,建立"人类社会进步和日常生活都离不开化学科学"的价值观、树立"化学在身边""化学是一门中心科学"的学科观念。

尚未学习化学的初三年级以下中小学生是化学/科学研究的未来从业者,面向他们的生活化学实验课程可以通过科学实验表演、科普宣传活动等形式开设,不但要达成提高科学素养的课程目标,而且要以培养科学兴趣、引导学生崇尚科学,向往科学,加强实验安全教育,提高实验安全意识为主要课程目标。

对于正在学习化学科目的中学生和大学生,生活化学实验既能配合课堂教学、适当拓宽加深,也能以校本课程、活动课程、第二课堂、研究性学习、项目学习、发现学习、科技社团等形式单独开设。这类生活化学实验课程是对国家必修化学课程的有益补充,以理论联系实际,培养学生手脑并用、开发智力、培养拔尖人才为主。课程目标的设定不仅要关注化学知识,更要侧重情感目标和技能目标的达成。情感方面的目标包括提高科学兴趣、热爱科学、强化探究意识、培养创新精神和实践能力、树立将来从事科学相关职业的理想等等。技能方面的目标包括体验科学探究过程、学习科学研究方法、增强实验设计与实验操作能力、培养小组合作、沟通交流和问题解决能力等。

第 2 节　课程内容

一、生活化学实验内容的分类

本书第 3 章有 16 个实验,第 4 章有 18 个实验。总共 34 个实验均可作为生活化学实验课程的教学内容。34 个实验可以分为三种类型:表演型、检测型和操作型。表演型实验以获得有趣的实验现象为目的,比如倒"水"

游戏、多彩喷泉、化学"鞭炮"、化学"烟花"、饮料变色实验、红椒碘时钟、果蔬彩瓶子、摇摇乐、饮料碘时钟、空手吸瓶、"果冻"实验、科学方法等。检测型实验以获得检测数据和检测结果为目的,比如食用纯碱成分测定、区分食用纯碱与食用小苏打、微型称量滴定法测白醋总酸含量、中和热测定、气体纯度探究、温室气体、作为指示剂的绿茶、灰化法海带提碘、水浸法海带提碘、电解水、净水器效果检测、还原性物质检测、酸性物质检测等。操作型实验以获得制作产品为目的,比如叶脉书签、肥皂制作、配制起泡液、秋分立蛋、取鸡蛋膜、无壳鸡蛋、"果冻"实验、酸碱指示剂等。

表演型实验、检测型实验和操作型实验还可以改编为研究型实验。研究型实验以科学方法训练,解决一个未知问题为实验目的。改编时,可将表演类实验的现象产生原因、检测类实验的检测结果、制作类实验的最佳条件作为待解决的未知问题,让学生运用一定的科学方法像科学家一样展开研究。

本书中的实验又可分为定性实验与定量实验。检测型实验大多为定量实验,表演型实验和制作型实验中需要严格控制试剂用量的为定量实验,不需要控制用量的为定性实验。

二、生活化学实验内容的选择

1. 根据教学对象选择实验内容

一般来讲,定量实验比定性实验难度大。检测类实验、制作类实验比表演型实验要求高。研究型实验难度最大。设计生活化学实验课程内容时,既要兼顾各种类型实验,也要根据教学对象的特点有所侧重,合理搭配。按照年龄段分组,教学对象可分为:1. 年幼人群:主要是指小学低年级学生;2. 小学高年级学生;3. 初中学生;4. 理工科类高中生、大学生;5. 其他人群。针对低幼年龄段学生开设的生活化学实验课程,以表演型实验、定性实验为主。面向小学高年级学生以定性制作型实验为主。面向初中生以检测型实验、定量制作型实验为主。针对高中生、大学生的生活化学实验,要根据实验目的而定。如果仅仅是一次耗时不长的实验表演活动,那么选择表演型实验较为合适。如果是系列活动,且每次活动时间较长,那么可以选择检测类或制作类实验。如果高中生或大学生具有理工科背景,那么以各种类型实验为载体和素材,引导他们开展探究性、研究性、课题式、参与式、合作式的研究型活动。比如采用正交试验法探究海带提碘实验的最佳实验条件或者肥皂泡起泡液最佳配方、根据维生素饮料和红椒碘时钟实验探究化学动力学原理、根据彩色"果冻"实验探究胶体凝聚等问题。

2. 根据主题选择实验内容

生活化学实验课程内容可以聚焦某个主题开展多次活动。比如以"厨房中的化学"为主题的实验涵盖以下内容：食用纯碱实验、白醋实验、水的实验、鸡蛋实验、海带实验、肥皂制作实验、科学方法、还原性物质检测、酸性物质检测、酸碱指示剂等，以"饮料、水果、蔬菜"为主题的实验包括神奇的维生素饮料、饮料变色实验、红椒碘时钟实验、多彩喷泉实验等。以"科学研究"为主题的实验包括科学方法、温室气体、海带实验、碘时钟实验、微型称量滴定法测白醋总酸含量、中和热测定、电解水、气体纯度探究等等。以"节日与化学"为主题的实验涵盖秋分立蛋、倒"水"游戏、化学"鞭炮"、化学"烟花"、多彩喷泉实验等。

3. 根据化学课堂教学需要选择实验内容

生活化学实验课程还可以跟化学课程结合起来穿插开设。比如在讲授初三化学"空气中的氧气"时可做饮料变色、摇摇乐、空手吸瓶等实验；讲授"二氧比碳"时可做温室气体、气体纯度探究、黑色喷泉、鸡蛋实验等；讲授"水的组成"时可做电解水、化学"鞭炮"实验；讲授"燃烧与灭火""焰色反应"时可做化学"烟花"实验；讲授"酸碱盐"时可做叶脉书签、区分食用纯碱与食用小苏打、粉色喷泉、蓝色喷泉实验；讲授"酸碱指示剂"内容时，可以做倒"水"游戏、作为指示剂的绿茶、厨房里的酸碱指示剂、净水器效果检测等实验。在高中化学和大学化学讲授化学动力学问题时，可以做红椒碘时钟、果蔬彩瓶子、摇摇乐、饮料碘时钟等实验；讲授"皂化反应"时做肥皂制作实验；讲授"酸碱中和滴定"时做食用纯碱成分测定、微型称量滴定法测白醋总酸含量、中和热测定；讲授"表面活性剂"时探究肥皂泡起泡液的配方；讲授"硅酸盐""胶体"时做"果冻"实验；讲授"碘的提取"时做灰化法海带提碘和水浸法海带提碘实验等。

第3节　课程实施

一、教学原则

1. 安全性

生活化学实验本身是安全的,但恰恰是这种安全会导致实验者放松安全意识和安全教育。当今社会是风险社会,不可预知的风险与危机无处不在。对实验安全的麻痹放松是最大的风险。我们应牢记只要是科学实验,都有潜在的危险隐患存在。因此,安全性是生活化学实验教学的第一原则。

安全性原则尤其适用于初三年级以下儿童。他们对科学实验具有先天的浓厚兴趣。生活化学实验可以满足他们的好奇心和探究欲,使他们崇尚科学,从小树立学习科学的远大理想。但是,任何事物都是辩证的,都具有两面性。学生的强烈好奇心与探究欲会驱使他们在看到新奇有趣的实验之后,在家中任意混合液体,比如 84 消毒液、洁厕灵、颗粒状管道通疏通剂、"威猛"等,从而造成不必要的伤害。因此,开设生活化学实验,要把实验安全教育放在首位。给初三年级以下儿童做生活化学实验时,要突出科学实验的专业性和神圣性,不但要穿实验服、戴护目镜,而且要在学校的专用实验室或者教室中进行。实验时不要鼓励他们在家中做实验,也不告诉他们所用原料的实际名称。可用原料的主要成分替代商品名称,比如用饮料做实验时,提前将饮料装入细口试剂瓶,贴上写有"维生素 C"的标签。这样做是为了给学生树立科学工作者的专业形象,形成科学实验要在实验室中进行的安全观念,以防止他们在校外无人指导的环境中任意混合危险液体,引起不必要的伤害。

2. 趣味性

趣味性是生活化学实验的魅力所在。生活化学实验的趣味性既产生于实验现象所引起的新奇、奇特、感性的感官刺激,又产生于实验结果所引起的意外、惊讶、解惑、满足、理性等心理活动。表演型实验的趣味性随着实验次数的增多而下降,而制作型和检测型实验对科学兴趣的维持时间较长。因此,设计生活化学实验课程时,要兼顾三种类型实验,通常把表演型实验作为第一次活动安排,把制作型和检测型实验安排在后续计划中。

3. 主体性

主体性是生活化学实验的优势所在。与学科型的化学实验相比,生活化学实验对实验条件要求不高,实验器材与原料方便易得,安全性高,价格低廉,便于携带。因此,在生活化学实验课程中,每位学生都要动手做实验,体现学生的主体性。

4. 合作性

生活化学实验是培养学生合作能力的有效载体。在实验准备阶段,将实验所需器材和原料分配给学生,让学生协助教师准备相应器材。在实验过程中,让学生合作完成实验步骤。实验结束时,进行小组汇报或者撰写一份实验报告。这样的团队合作能使学生有更多参与感,体验实验成功的乐趣。

5. 情境性

生活化学实验的主要实验器材和原料来源于生活,与日常生活情境有着密切联系。比如净水器效果检测实验可为家用净水器的选择与购买提供参考,还原性物质检测实验与饮料水果蔬菜中的营养物质有关,吹肥皂泡是各年龄段人群都喜爱的休闲娱乐活动,配制起泡液实验可寓教于乐。诸如此类的生活情境不胜枚举。

本书中的很多实验都与时令、节气或节日有关。以它们为素材创设教学情境,可使生活化学实验更具生活气息和场景意义。比如秋分立蛋实验可安排在秋分时节或者农历三月三前后,倒"水"游戏、化学"鞭炮"、化学"烟花"、彩色喷泉等实验可安排在六一儿童节、端午节、国庆节、中秋节等节日来临之际,叶脉书签可放在丹桂飘香的九月或十月。夏天是饮料、水果、蔬菜的消费旺季,与此有关的实验可放在夏天做。

二、教学模式

教学有法,教无定法,贵在得法。教师风格、学习者特点、教学时间、教学场地、教学资源等都会影响生活化学实验教学模式的选择。教学模式没有最好,只有更好。在众多教学模式中,BOPPPS 模式和 5E 学习环模式的教学环节清晰,指导性较强,这两种教学模式可用于生活化学实验的课程教学。

1. BOPPPS 教学模式

BOPPPS 模式揭示了有效课堂教学的六个步骤:1. 引入/暖身(Bridge-in);

2. 告知学习目标(Objective/Outcome);3. 前测(Pre-assessment);4. 参与式学习(Participatory learning);5. 后测(Post-assessment);6. 摘要/总结(Summary/Bridge-out)。

Bridge-in:引入/暖身的作用是吸引学生注意力,让学生了解学习内容的重要性,引起学习兴趣。引入的具体策略可以是复习旧知、有趣图片、引经据典、经验分享、新闻报道、争议论点、惊人资料、网络谣言、认知冲突、简短影片等。生活化学实验取材于生活,很容易从学生的日常生活引入实验内容。引入环节注意创造合适的教学情境。本书第四章的实验都有相关教学情境,可用于实验的引入环节。

Objective:告知学习目标可以让学生的听课注意力和教师的教学过程更加聚焦,体现成果导向的教与学过程,有利于激发学习动机,提高学生的听课效率。

Preassessment:前测是为了诊断学情。了解学生的学习态度与学习基础,挖掘可使用的学生资源,调整后续教学内容的难易与进度。使教学内容和教学过程更有针对性。前测的具体策略包括提问练习、经验分享、阅读心得、完形填空、图形补缺等。

Participatory learning:参与式学习是一节课的主要环节。强调师生互动和生生互动。在生活化学实验课堂教学中,参与式学习活动主要是师生共同做实验,或者学生做实验,并围绕实验原理、实验现象等关键问题进行讲解,展开讨论。在课堂上教师可以随时提问或稍微停顿,让学生思考、整理笔记、做练习、同伴交流分享、小组研讨、小组实验等。

Postassessment:后测的作用是检验学生的学习成果,判断学习目标的达成度。后测的形式可以是选择题、是非题、简答题、解决问题、作品展示、评分表、学习体会与反思等。

Summary:如果说好的开头是"凤头",达成度高的参与式学习是"猪肚",那么一堂好课还需要一个"凤尾"式的漂亮而有力的收尾。摘要/总结就是这样一个重要环节。在这一环节中,可以扼要重述学习目标及其达成度、请学生简短回馈学习重点、延伸思考、布置家庭作业、预告后续学习内容等。

2. 5E学习环模式

5E学习环模式适用于生活化学实验的探究式教学活动。"5E"是指该模式有五个教学环节,分别是引入(engagement)、探究(exploration)、解释

(explanation)、精加工(elaboration)和评价(evaluation)。五个教学环节的首字母都是字母"E",所以又被称为 5E 学习环。

Engagement:引入环节的目的是吸引学生注意力,使他们积极主动地参与到学习过程。引入环节要注意唤起学生对日常生活经验的共鸣,寻找学生的兴趣点和关注热点,抛出学生想讨论且能讨论的高质量问题。

Exploration:探究环节是回答问题的过程,要让学生明确问题,带着问题进行探究活动。要注意给学生留有足够的时间进行探究、合作、交流与讨论,同时教师进行有效的帮助与指导。

Explanation:在解释环节,学生汇报探究结果,教师进行点评与讲解,帮助学生构建新概念。学生汇报的方式有多种形式,比如小组派代表口头回答,教师点名提问,学生自由抢答。这些形式为语言陈述,此外还可以让小组将探究结果写在版面较大的白纸上,进行张贴、讲解或评比。

Elaboration:在精加工环节,学生对原有解释进行反思、深化、拓展与应用,教师可以对各组汇报结果加以总结与提升,并布置具有一定难度的任务,或提出高质量的问题,引发学生的深度思考。

Evaluation:评价环节贯穿整个学习活动的始终,通过学生自评、同伴互评、教师评价等方式对本次活动的学习结果与学习质量做出评判。

3. 分组方式

BOPPPS 教学模式,5E 学习环模式包含了小组合作学习活动,较好地体现了生活化学实验教学的主体性、合作性原则。在这些教学模式中,如何分组是影响教学效果的关键因素。分组不当会降低合作效率。组员之间要么嘻嘻哈哈聊天打闹,要么沉默不语各行其是,从而导致小组任务由个别组员独立完成,合作学习流于形式。因此,教学设计时要充分考虑分组方式。

在实际教学中,很多教师经常采用的分组方式是依据学生的成绩、性别、性格、座位、随机、自愿等。严格来讲,这些分组方式的科学依据不足。霍兰德职业兴趣测验量表是可以借鉴的分组依据。

美国心理学家霍兰德(John Holland)认为,个体倾向于选择那些与其人格类型和兴趣相一致的环境;反过来,这些环境又会强化个体行为。学生在与其人格特征和兴趣均相符的环境中会更努力、更满意,也会有更高成就。这启示我们,分组时如果把同类型学生放在一组,可以满足学生的心理需求,提高合作动机,增强合作意愿。

霍兰德从人格与环境交互作用的视角,提出了六种职业人格类型:现实型（Realistic）、研究型（Investigative）、艺术型（Artistic）、社会型（Social）、企业型（Enterprise）及传统型（Conventional）。大多数人都属于六种职业类型中的一种或两种以上类型的不同组合。霍兰德根据职业人格类型理论，基于大量职业咨询经验编制了霍兰德职业兴趣测验量表，该量表被广泛用于中学生和大学生的职业生涯规划指导。在生活化学实验课程的教学中，可以该量表的测评结果作为分组依据，将同类型学生放在一组形成同质组。也可以根据教学需要，对学生进行异质分组展开教学。

　　借鉴汉化版霍兰德职业兴趣测验量表，在生活化学实验课程的教学中，可以采用表 5-3-1 所示的分组测试量表对学生进行测试：

表 5-3-1　分组测试量表

> 　　以下有 60 句描述，每一句描述如果与你的真实情况相符，请打"√"，否则打"✕"。请根据你的第一印象作答，不必仔细推敲，答案没有好坏、对错之分。
>
> 　1. 我喜欢把一件事情做完后再做另一件事。
> 　2. 在工作中我喜欢独自筹划，不愿受别人干涉。
> 　3. 在集体讨论中，我往往保持沉默。
> 　4. 我喜欢做戏剧、音乐、歌舞、新闻采访等方面的工作。
> 　5. 每次写信我都一挥而就，不再重复。
> 　6. 我经常不停地思考某一问题，直到想出正确的答案。
> 　7. 对别人借我的和我借别人的东西，我都能记得很清楚。
> 　8. 我喜欢抽象思维的工作，不喜欢动手的工作。
> 　9. 我喜欢成为人们注意的焦点。
> 　10. 我喜欢不时地夸耀一下自己取得的好成绩。
> 　11. 我曾经渴望有机会参加探险。
> 　12. 当我一个人独处时，会感到更愉快。
> 　13. 我喜欢在做事情前，对此事情做出细致的安排。
> 　14. 我讨厌修理自行车、电器一类的工作。
> 　15. 我喜欢参加各种各样的聚会。
> 　16. 我愿意从事虽然工资少、但是比较稳定的职业。
> 　17. 音乐能使我陶醉。
> 　18. 我办事很少思前想后。
> 　19. 我喜欢经常请示上级。
> 　20. 我喜欢需要运用智力的游戏。
> 　21. 我很难做那种需要持续集中注意力的工作。
> 　22. 我喜欢亲自动手制作一些东西，从中得到乐趣。
> 　23. 我的动手能力很差。
> 　24. 和不熟悉的人交谈对我来说毫不困难。

25. 和别人谈判时,我总是很容易放弃自己的观点。

26. 我很容易结识同性别朋友。

27. 对于社会问题,我通常持中庸的态度。

28. 当我开始做一件事情后,即使碰到再多的困难,我也要执着地干下去。

29. 我是一个沉静而不易动感情的人。

30. 当我工作时,我喜欢避免干扰。

31. 我的理想是当一名科学家。

32. 与言情小说相比,我更喜欢推理小说。

33. 有些人太霸道,有时明明知道他们是对的,也要和他们对着干。

34. 我爱幻想。

35. 我总是主动地向别人提出自己的建议。

36. 我喜欢使用榔头一类的工具。

37. 我乐于解除别人的痛苦。

38. 我更喜欢自己下了赌注的比赛或游戏。

39. 我喜欢按部就班地完成要做的工作。

40. 我希望能经常换不同的工作来做。

41. 我总留有充裕的时间去赴约会。

42. 我喜欢阅读自然科学方面的书籍和杂志。

43. 如果掌握一门手艺并能以此为生,我会感到非常满意。

44. 我曾渴望当一名汽车司机。

45. 听别人谈"家中被盗"一类的事,很难引起我的同情。

46. 如果待遇相同,我宁愿当商品推销员,而不愿当图书管理员。

47. 我讨厌跟各类机械打交道。

48. 我小时候经常把玩具拆开,把里面看个究竟。

49. 当接受新任务后,我喜欢以自己的独特方法去完成它。

50. 我有文艺方面的天赋。

51. 我喜欢把一切安排得整整齐齐、井井有条。

52. 我喜欢做一名教师。

53. 和一群人在一起的时候,我总想不出恰当的话来说。

54. 看情感影片时,我常禁不住眼圈红润。

55. 我讨厌学数学。

56. 在实验室里独自做实验会令我寂寞难耐。

57. 对于急躁、爱发脾气的人,我仍能以礼相待。

58. 遇到难解答的问题时,我常常放弃。

59. 大家公认我是一名勤劳踏实的、愿为大家服务的人。

60. 我喜欢在人事部门工作。

学生做完测试之后,将每一题的选择结果誊写入表 5-3-2 的第二列"你的选择"中,并将"你的选择"结果与同一行中 1、2、3、4、5、6 列中的"√""×"符号进行比对,在相互一致的"√""×"位置上做个记号,比如画圈等,在不相一致的地方则不做任何记号。60 道测试题都逐一比对之后,数一数每列中的记号数,并将数值记录在表 5-3-2 最后一行"你的得分"中。该数值即为学生在该类型的得分。最高分所对应的列的序号表示该学生的兴趣和人格类型,可作为分组依据。若有多个平行最高分,则表示该学生同时兼具几种类型,在协调小组人数时,该学生可根据人数需要被安排进入其中一个小组。一般来讲,较为有效的小组人数为 4~6,原则上不超过 8。分组时,首先考虑同质分组,即让同一类型的学生分在一组,或者序号相近的类型分在一组,比如 1,2 类型在一组、2,3 类型在一组等等。待学生已经形成较好的合作学习习惯之后,可以尝试异质分组,即让不同类型的学生分在一组。

表 5-3-2　分组测试量表结果统计表

题号	你的选择	1	2	3	4	5	6
1					×		
2		✓					
3						×	
4				✓			
5							×
6			✓				
7							✓
8			✓				
9				✓			
10				✓			
11						✓	
12					×		
13		✓					
14		×					
15					×		
16						×	
17				✓			
18							×
19							✓
20			✓				

（续表）

题号	你的选择	1	2	3	4	5	6
21			✕				
22		✓					
23		✕					
24						✓	
25						✕	
26					✓		
27					✕		
28						✓	
29							✓
30			✓				
31			✓				
32				✕			
33				✓			
34				✓			
35						✓	
36		✓					
37					✓		
38						✓	
39							✓
40							✕
41							✓
42			✓				
43		✓					
44		✕					
45					✕		
46						✓	
47		✕					
48		✕					

（续表）

题号	你的选择	1	2	3	4	5	6
49				✓			
50				✓			
51							✓
52					✓		
53					✗		
54				✓			
55			✗				
56			✗				
57							✓
58			✗				
59					✓		
60						✓	
你的得分							

三、教学计划

　　以校本课程或者社团活动形式开设的生活化学实验课程,在每学期刚开学和学期结束时一般不开课。在每学期的中间时段,由于各种假期或者教师不定期的外出活动等原因也经常导致课程不能开课。因此,虽然一学期通常有 20 周的教学时间,但是真正能用来开设第二课堂校本课程的时间大约只有 6～10 周。制定生活化学实验课程教学计划时,每学期以 6～10 次教学安排为宜,每周安排一次。如果条件允许,生活化学实验课程可以在几个学期中连续安排。

　　"好的开头是成功的一半"。生活化学实验课程的第一次课最为重要。在本书的 34 个实验中,实验 4.1.1"倒'水'游戏"具有安全性、趣味性,实验成功率高的特点,适用于各年龄段的学生,可作为生活化学实验课程的引入实验。该实验有两种教学设计,一种是邀请学生上讲台与老师共同表演,另一种是分组实验。第一种教学情境耗时较短,第二种教学情境耗时较长,教师可根据实际需要和教学时间灵活安排。安全性是生活化学实验课程的第一原则,因此,在第一次上课时要安排实验安全教育。年龄越小的学生越要加强实验安全教育。最好以讨论的方式使学生理解并牢记以下实验室安全规则:

1. 禁止学生独自操作实验。必须在学校专业实验室里由教师监管才能进行实验。

2. 做实验时,要佩戴护目镜和医用手套,穿戴实验服,穿不露脚趾的满口鞋,长发必须束紧。

3. 随意混合生活用品的行为不但非常愚蠢,而且还存在安全隐患。严禁此类行为的发生。

4. 不擅自接触不熟悉的生活用品。首次使用不熟悉的生活用品时要有成人监管,并且仔细阅读商品标识说明。对于标识中显示有潜在危险,或者有"儿童不宜接触"之类字样的生活用品,应避免使用。

5. 管道通疏通剂只能用固体颗粒型。配制好的少量管道通溶液溅到皮肤上,用吸水纸擦去后冲洗即可。如果大量管道通溶液泼到皮肤上,可先用吸水纸擦去,然后用白醋清洗,最后用水冲洗。

6. 绝对禁止品尝任何实验用品。

7. 实验时要集中注意力。禁止在实验场所吃喝、追逐、打闹、说笑等等。

8. 严格按照实验步骤进行实验。如果需要修改实验步骤,必须经过指导教师的同意。

9. 实验场所应该配备以下物品:灭火器、烫伤膏、创可贴、医用酒精消毒棉球等。

10. 进入实验场所时,要观察安全出口和逃生通道,并保障道路畅通。

设计教学计划时要充分考虑教学对象的特点,设计有针对性的课程内容。生活化学实验课程有非常多的设计方案,以下仅是诸多方案中的一个示例。

【时令化学】在特殊的时间节点开设生活化学实验,增加实验的时令性和生活气息,实验内容及实验顺序可酌情调整。

次数	实验时间	实验名称及编号	设计意图
1	9月初	4.1.1 倒"水"游戏	刚开学,通过倒"水"游戏,使同学之间互相认识,加深友谊
2	9月初	3.1.1 叶脉书签	桂花树叶非常适合制作叶脉书签。9月份正是丹桂飘香的季节,也正逢开学。让学生亲手制作一枚漂亮的叶脉书签,有利于激发化学学习动机,培养化学学习兴趣。另外,叶脉书签的制作实验具有一定危险性,可用此实验加强实验安全教育
3	秋分节气	4.4.1 秋分立蛋	秋分时节有立蛋的民间习俗。本实验可在鸡蛋上刻字,并使鸡蛋稳稳地站立在桌面上
4	中秋节	4.3.1～4.3.3 多彩喷泉	中秋节是家人团聚的日子,多彩喷泉实验可增加喜庆气氛。中秋节前后,水果、蔬菜、饮料的品种都十分丰富。做饮料水果蔬菜实验时,原材料准备起来比较方便
		4.9.1～4.9.3;3.4.1;3.4.2 饮料、水果、蔬菜实验	
5	国庆节	4.7.1 化学"烟花"	国庆节一般都会放烟花,化学"烟花"的实验现象能营造国庆节的喜庆气氛。饮料水果蔬菜实验也同样适合在国庆节前后做
6	12月份	4.10.1"果冻"实验	彩色"果冻"实验有液体瞬间凝固的现象,很容易让人想到冬天的结冰现象
7	端午节	4.6.1 化学"鞭炮"	增加节日气氛
		4.5.1 配制起泡液	可人人参与,气氛热烈
		4.8.1～4.8.3 神奇的维生素饮料	实验器材易于获取
8	6月份、暑期夏令营	3.5.1 红椒碘时钟 3.5.2 果蔬彩瓶子	6月份是红椒等各类水果蔬菜大量上市的季节,可获得价廉物美的原材料。且6月份的气温较高,有利于提高实验效果和成功率

第 4 节　课程评价

　　课程评价是生活化学实验课程的重要组成部分,它对于教学过程具有诊断、导向、激励和管理功能。课程评价能给教学活动提供有效的诊断和反馈,促进教学活动的顺利进行。它起着"指挥棒"的作用,为教学活动指引方向,使教师和学生对教学过程进行正确、客观的认识、并进行反思与改进。教师利用评价结果可以掌握课程目标的实现程度,教学活动中使用的方式是否有效、学生的接受程度和学习状况,从而随时调整自己的教学行为,反思和改善自己的教学计划与教学方法,不断提高教学水平。通过课程评价,学生可以了解自己学会了什么,学习的程度如何,是进步了还是退步了,是比其他同学学得好,还是比其他同学学得差,从而调整自己的学习状态,提高学习效率。

　　生活化学实验的教学对象不同,课程目标不同,课程评价内容与方法也不相同。面向成年人和初三以下学生的生活化学实验,可以通过问卷调查法、访谈法、观察法等考察课程目标的达成情况。也可以在实验活动结束时,让教学对象给本次实验打分或者写评语。长期坚持,就能开发出有针对性的生活化学实验课程方案。

　　对于正在学习化学的教学对象,生活化学实验的课程评价应立足于促进学生发展,采取多元化的质性评价方式,比如写实验报告、实验照片与视频、科技小论文,学习体会、活动总结、做宣传画报,作品展示、辩论会、实验比赛、研讨会、编刊物(包括电子刊物)、组织小型展览等活动,评价学生在课堂上回答问题的积极性、实验探究的参与度,组内成员合作的默契程度等等。生活化学实验课程的评价方式可以采用成长档案袋和活动表现这两种评价方式。

　　1. 成长档案袋评价

　　成长档案袋记录着学生在生活化学实验课程中的各种过程性资料,为教师和家长提供了其他评价手段无法获得的有关学生学习与发展的细节信息,有助于教师检查学生的学习过程和形成对学生的准确评价。同时,学生有权决定成长档案袋的内容,由学生负责判断提交作品或资料的质量和价值,从而有机会判断自己的学习质量和进步程度。生活化学实验课程的成长档案袋可以包含以下内容：

（1）封面。档案袋的封面应包括本人的姓名、年级、班级、学科等。

（2）目录。以清单的形式列出档案袋中收集的素材，并标注页码或序号。

（3）档案袋中的材料内容。档案袋的内容选择应由学生或由学生和教师共同讨论决定，凡是能反映学生在一定时期关于生活化学实验学习所做出的努力、进步、收获的材料都可以收录其中。对于每次收集在档案袋中的材料，都应注明日期，以显示随时间的推移所取得的进步情况。

（4）成长档案袋评价表。主要包括学生自我评价和他人评价的一些信息，其中对自我评价和反思可设计如下问题：① 我学到了什么；② 我哪些方面做得好；③ 我为什么选择这件作品；④ 我还要提高什么；⑤ 我对我的表现感觉怎样；⑥ 还存在哪些方面的问题。同样，他人评价（来自教师、学习同伴等的评价）也可以设计一些相应问题使评价内容更有针对性。

2. 活动表现评价

活动表现评价是指通过观察、记录和分析学生在每次实验活动中的表现，对学生的知识理解水平、分析问题的思路、实验操作技能、科学探究能力、表达交流技能以及参与意识和合作精神等各方面的表现进行全方位评价。活动表现评价涉及较高水平的思维与问题解决能力，可促使学生将获得的知识和能力在实际中得到应用，也能对能力、情感等方面的表现进行评价，从而可以更好地促进学生全面发展。活动表现评价的目的是促进学生发展而非给学生排名次，鼓励学生表现出创造和设计的能力，有利于学生形成自信、自尊、自我管理、合作友善等良好品质。

活动表现评价可分为四个步骤：准备、评估、评定、评语。准备工作直接影响评价的效度和信度。在准备阶段，要把课程目标分解为具体可观察可测量的学习行为，并制定相应的评价指标或评分表，便于教师通过观察、记录和分析学生的活动表现，对其进行客观准确的评价。然后紧扣课程目标和评价指标设计活动场景。在活动开始之前，要向学生介绍活动内容，引领学生仔细阅读打分表，给学生充分时间理解和讨论打分表中所列的各项标准。确保学生理解评分标准。还要对学情进行分析，弥补学生的知识缺陷。

评估是指从各种渠道收集能够反映学生学习目标达成度的信息，从知识理解、探究过程、表达交流、联系实际等方面对学生作品加以描述。描述力求详细具体、针对性强。

评定是指根据打分表对学习质量做出判断，给出等级或者换算成百分数。

写评语是活动表现评价的最后一步，也是课程评价发挥作用的关键环节。为了促进学生发展，活动表现评价不能像纸笔测验那样，仅仅给个分数。要通过评语，告诉学生现阶段存在的问题以及下一步的努力方向。

第 5 节　课程资源

广义的课程资源是指有利于实现课程目标的各种因素，狭义的课程资源仅指教学内容的直接来源。课程资源的划分标准多种多样。按空间分布和支配权限，课程资源可分为校内资源与校外资源；按照课程资源的作用与地位，课程资源又可分为素材性课程资源和条件性课程资源。还可以根据其他角度，将课程资源划分为社会资源与自然资源，人力资源、物力资源与财力资源，纸质资源与电子声像资源等。

一、生活化学实验原料

在生活化学实验课程中，化学、生活、儿童、社会是有机整体。学生的生活及其个人知识、直接经验都是课程设计与开发的基础和依据。课程资源由课堂延伸到课外，由学校延伸到社区和所在的地区，学生所处的社会环境和自然环境都可成为学习探究的对象，成为学习的"课堂"。日常生活中的各种素材为生活化学实验提供了丰富原料。在本书所列实验中，主要用到以下实验原料。在开设生活化学实验课程之前，可分批次集中购买。对于一些可长期储存且用量大的原料，比如食用纯碱、白醋等可一次性买入。

1. 调料类：白醋（9°白醋、6°白醋、3.5°白醋）、醋精、食用纯碱、食盐、花生油、食用小苏打。

2. 食品饮料类：紫包菜、红萝卜、橙色胡萝卜、红辣椒、青辣椒、红心火龙果、葡萄、鸡蛋、猕猴桃、柠檬、维他命水、火龙果饮料、脉动、力量帝（石榴蓝莓味、热带水果味）、雪碧、可乐、二锅头白酒、绿茶、曼妥思糖、海带、泡腾片（橙味、蓝莓味）、马铃薯淀粉、纯净水、苏打水、黑枸杞、蜂蜜。

3. 医药类：碘酊、烫伤膏、创可贴、医用酒精消毒棉球、医用过氧化氢消毒液、温度计、亚甲基蓝。

4. 洗护类:洗发液、羊毛衫洗涤剂、沐浴露、洗手液。

5. 其他生活用品:颗粒状管道通疏通剂、火柴、吸管、牙刷、电水壶、大理石子、剪刀、榨汁机、电子秤(或电子天平)、灭火器、医用注射器。

二、生活化学实验室

生活化学实验应在学校的实验室里进行,因此,生活化学实验室是重要的条件性资源,是保障生活化学实验课程顺利实施的基础条件。实验室条件的好坏对生活化学实验课程的教育效果有直接影响。虽然生活化学实验所需原料和器材都可以从学生家里获得,但这并不意味着可以在家中建立生活化学实验室。

首先,从实验安全角度来看,学校里的实验室在硬件设计上充分考虑了实验安全的基本要求,实验室墙壁上都张贴实验安全注意事项。在学生进入实验室之前,教师都要强调实验安全事项,实验过程中也有教师监管。因此,学校里的专用实验室可以强化学生的实验安全意识。而在家中做实验,学生的安全意识容易松懈,存在一定安全隐患。安全性是任何一门实验科学的第一原则,实验安全无小事。因此,尽管生活化学实验所用原料和器材都来源于生活,但是仍然要加强学生的实验安全意识。

其次,从硬件条件来看,家庭生活环境与实验所需硬件条件存在较大差距。比如生活化学实验桌通常要连接水槽,配备电源插座。实验桌的桌面上要摆放实验原料和器材,桌面大小和高度应方便实验者操作。室内要光线充足,且留有足够的行走空间。实验室还要有专用橱柜摆放实验原料和器材。一般家庭很难满足这样的实验条件。

最后,从教学过程来看,学生在专用实验室做生活化学实验,教师可以统一组织、管理和指导,不但实验成功率高,而且实验教学效果好,干净整洁的专用实验室也能使学生对科学实验产生敬畏、向往和期待之情。而学生在家中独自做实验,实验过程较为随意,实验效果和教学效果都难以得到保证。

三、生活化学实验仪器

小学科学实验室和中学化学实验室中配备的常用器材都能满足生活化学实验的需要。日常生活中的一些生活用品也可以作为替代品用于生活化学实验。在条件允许的情况下,尽量用化学实验室中的规范仪器开展生活化学实验。小学生的动手操作能力较差,且活泼好动,从安全角度来看,生活化学实验所用仪器尽量采用塑料制品。如图 5-5-1 及图 5-5-2 所示:

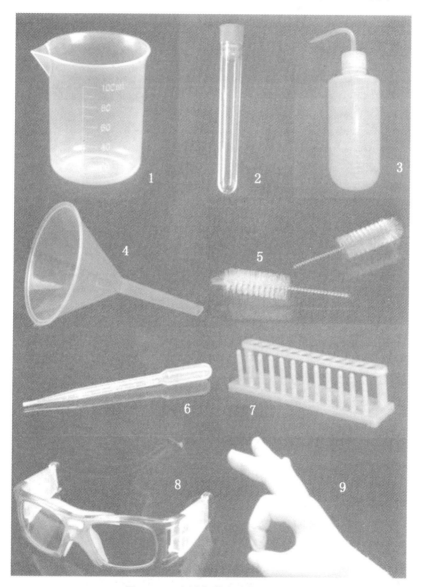

图 5-5-1　生活化学实验仪器(一)

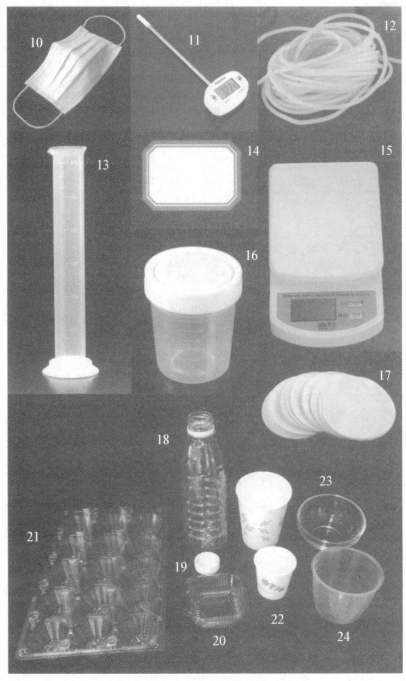

图 5-5-2　生活化学实验仪器(二)

表 5-5-1　生活化学实验仪器介绍

编号	名称	常用规格	主要用途	次要用途与说明
1	塑料烧杯	100 mL，500 mL	配制溶液，反应容器	盛装试剂
2	塑料试管	12×75	反应容器	盛装试剂
3	塑料洗瓶	500 mL	盛装蒸馏水	可改装成气体发生装置
4	塑料漏斗	45 mm	过滤杂质	添加溶液
5	试管刷	中号	洗涤仪器	
6	塑料滴管	1 mL，3 mL，5 mL，10 mL	移取液体、滴定操作、量取体积、搅棒	可当反应容器使用。剪切后可改装成药匙、导管、尖嘴导管等
7	塑料试管架	16 mm	摆放试管、滴管等	
8	护目镜	适中	保护眼睛	实验时最好佩戴。实验中使用颗粒状管道通疏通剂或者有其他潜在危险时必须要佩戴
9	医用手套	适中	保护手部皮肤	
10	医用口罩	适中	保护脸部皮肤	
11	食物温度计	精确到 0.1 ℃	测量温度	
12	橡胶管	中号	连接	与塑料滴管连接，组装与气体有关的实验装置
13	塑料量筒	100 mL	量取体积	
14	自黏性标签	小号	标记名称	
15	家用电子秤	精确到 0.1 g	称取质量	
16	塑料标本瓶	150 mL	盛装试剂	反应容器
17	滤纸	9 cm	过滤杂质	观察颜色时作背景
18	塑料瓶	不限	配制溶液，反应容器、盛装试剂	可用于需要在密闭容器中进行的反应。经过裁剪，也可改装成漏斗和烧杯
19	塑料瓶盖	不限	反应容器	
20	透明塑料食品包装盒	不限	配制溶液，反应容器、容器罩子	用于容量较大的反应，或者盛装废液，或者罩住反应体系
21	透明塑料鸡蛋包装盒	不限	反应容器	用于比较同时发生的实验现象

（续表）

编号	名称	常用规格	主要用途	次要用途与说明
22	纸杯	5 mL、250 mL	配制溶液,反应容器	适用于需要水浴加热的反应
23	玻璃碗	可在微波炉中加热	配制溶液,反应容器	适用于需要高温加热的反应
24	家用量杯	不限	量取体积	反应容器、盛装试剂

　　一次性塑料滴管带有刻度,不但使用方便,而且用处特别多。可以作为滴管、滴定管、量筒、玻璃棒使用。一次性塑料滴管的嘴部套上红色胶头可以形成封闭容器,当作临时储存试剂的滴瓶或者密闭反应容器使用。将一次性塑料滴管从中间剪断,球泡部分可以盛装液体,作为试管或者反应容器使用。尖嘴部分可以当作尖嘴导管使用。将尖嘴部分再剪去,剩余的直管部分可以当作导管使用。将一次性塑料滴管的球泡部分剪去一半,可以当作药匙使用。因此,生活化学实验室可以多配备各种规格的一次性塑料滴管,以备不时之需。

四、生活化学实验常用溶液配制

　　生活化学实验中,用得最多的溶液是食用纯碱、食用小苏打、管道通溶液和紫甘蓝汁。其中,食用纯碱溶液、食用小苏打溶液和管道通溶液可以长期放置,在生活化学实验课程开设伊始,这些溶液可以多配一些留存备用。紫甘蓝汁放置一天以后会有异味,最好现用现配。配制以上溶液均需用到蒸馏水,或者含"纯净水"字样的市售饮用水。娃哈哈、康师傅、怡宝等品牌的纯净水可用于溶液配制。

　　1. 紫甘蓝汁配制:有多种方法制备紫甘蓝汁。① 榨汁机直接榨取紫包菜叶,这样得到的紫甘蓝汁较浓,颜色较深;② 洗净一片紫包菜叶子,剪碎放入烧杯,加入蒸馏水或纯净水浸取紫甘蓝汁;③ 洗净一片紫包菜叶子,剪碎放入烧杯,加入50%的酒精溶液浸取紫甘蓝汁;④ 洗净一片紫包菜叶子,剪碎放入烧杯,倒入蒸馏水煮沸一会儿,或将烧杯放在水浴中加热4小时。配制紫甘蓝汁时,一定要洗净榨汁机、烧杯和玻璃棒,并用蒸馏水润洗。否则配得的紫甘蓝汁颜色不一定为紫色。将配好的紫甘蓝汁转移至贴有"紫甘蓝汁"标签的试剂瓶。

　　2. 食用纯碱溶液配制:称取 20 g 食用纯碱粉末,分三次放入盛有

100 mL 纯净水的小烧杯中,搅拌均匀。如果纯碱溶液用量较大,可按照 m（食用纯碱）：V（水）$=1:5$ 的比例进行配制。将配好的食用纯碱溶液转移至贴有"食用纯碱溶液"标签的试剂瓶。

3. 食用小苏打溶液配制:称取 10 g 食用小苏打粉末,分三次放入盛有 100 mL 纯净水的小烧杯中,搅拌均匀。如果小苏打溶液用量较大,可按照 m（食用小苏打）：V（水）$=1:10$ 的比例进行配制。将配好的食用小苏打溶液转移至贴有"食用小苏打溶液"标签的试剂瓶。

4. 管道通溶液配制:向小烧杯中加水至刻度 100 mL。用另一个干燥的小烧杯称取 4 g 管道通颗粒,剔除其中的金属颗粒物。用药匙将称好的 4 g 管道通颗粒分三次加入装有 100 mL 水的小烧杯中。边加边搅拌,得到管道通溶液。如果管道通溶液的用量较大,可按照 m（管道通）：V（水）$=1:25$ 的比例进行配制。将配好的管道通溶液转移至贴有"管道通溶液"标签的试剂瓶,试剂瓶要用橡皮塞封口。由于管道通中的主要成分为氢氧化钠,具有强腐蚀性,因此,配制管道通溶液时要戴医用手套。

第6章　生活化学实验海外拾粹

第1节　表演型生活化学实验

表演型实验是生活化学实验最常见的一种类型。这类实验的情境设计是关键。2003 年 10 月底,本人在加拿大渥太华卡利通教育局(ottawa-carleton district school board)下属的一所中学考察了三周时间。除此之外,还参观了渥太华大学,与渥太华大学负责化学教育的专家进行了深入交流,感触颇多,尤其是他们在课堂上展示给学生看的化学实验,设计得非常有生活气息。

一、实验案例

1. 水中跳蚤

教　师	现　象	学　生
拿出一袋葡萄干,请学生品尝		品尝葡萄干
找出几粒较大的葡萄干,放入一只大玻璃杯中。打开一罐听装雪碧,喝了一口		哄堂大笑
将雪碧倒入玻璃杯	葡萄干在雪碧中上下翻动,持续很长时间	好奇

实验用品:葡萄干;听装雪碧;透明玻璃杯

实验原理:压强对气体溶解度的影响。听装雪碧中二氧化碳的浓度较大。倒入玻璃杯中以后,外界气压减小导致二氧化碳的溶解度降低。二氧化碳气体从雪碧中溢出,聚集在葡萄干周围,将葡萄干"托举"到液面上。待二氧化碳扩散到空气中以后,葡萄干就会往下沉,从雪碧中溢出的二氧化碳气体又在葡萄干周围重新凝聚。如此反复。

2. 纸筒喷火

教　师	现　象	学　生
今天,我给大家表演一个魔术!		兴奋
取一药匙荧粉放在石棉网上加热,关灯,拉上窗帘	黑暗的教室里闪烁着星星点点的火光	好奇地观察
点燃酒精喷灯,手拿直径约2厘米,长约25厘米的纸筒,对着酒精喷灯猛一吹气	"噗"的一声,一大团烈焰从纸筒中喷涌而出,照亮了整个教室	学生兴奋不已

实验用品:酒精喷灯;火柴;石棉网;细纸筒(直径2厘米,长25厘米);荧粉

实验原理:粉尘爆炸。放在石棉网上的面粉由于燃烧面积不充分,只能产生星星点点的火光。纸筒中装有一药匙面粉,猛一吹气后,面粉颗粒飞散到空气中。与酒精喷灯的高温火焰充分接触,立即燃烧,并听到很响的"噗"的一声。面粉颗粒边扩散边燃烧,所以看到的是一大团火焰。

3. 大炮开火

教　师	现　象	学　生
取出一支钢管制成的玩具大炮,炮筒堵有活塞		开心
同学们,躲开,我要开火了!		屏住呼吸,紧张
电火花点火	无现象	失望
怎么回事? 谁来帮我看看里面有没有装火药?		争先恐后
打开活塞,给学生看过后立刻塞上		回答:里面什么都没有!
让我再来试试。大家闪开!		将信将疑,屏住呼吸
电火花点火	活塞飞出,发出巨响	欢呼。 提问:没有火药怎么能开火?

实验用品:钢管制成的玩具大炮;氢气

实验原理:氢气爆炸。炮筒中原来充满纯净氢气,点火时不会爆炸。借

助学生查看是否有火药的时机,教师打开活塞,让氧气进入钢管,产生氢气、氧气混合气体,于是大炮一点火就爆炸了。

二、实验述评

以上三个实验案例归纳起来有如下几个明显特点:

1. 设计巧妙:氢气爆炸实验的巧妙之处在于趁学生打开活塞检查之际让氧气漏进大炮的钢管中。由于氢气和氧气都是无色气体,所以学生看不到,以为没有"火药"。但后来点火以后大炮又响了,学生惊喜之余就十分好奇。这时正好告诉学生氢气爆炸的原理。

2. 趣味性强:葡萄干在雪碧里面怎么会上蹿下跳的? 老师怎么能从纸筒中吹出那么大的一团火? 为什么一开始点火大炮不响? 打开活塞检查,确认里面没有火药,为什么点火后会开炮? 巧妙的实验设计充分调动了学生强烈的好奇心,他们不知老师的葫芦里卖的是什么药。化学实验就像魔术一样,精彩,神秘,刺激!

3. 联系生活:玻璃杯、葡萄干、雪碧、纸筒、荧粉、玩具大炮都是日常用品,学生非常熟悉,但他们从未将这些生活物品与科学联系起来。用这些生活用品演示实验,学生既感到亲切,也感觉很神奇,原来科学并不神秘,它就在每天的生活中!

以上三则实验对应的化学原理也是我国初三化学的知识点。这些知识点通过趣味化情景化的教学设计之后,呈现给学生的不仅仅是知识,还会在情感、态度与价值观方面改变学生。化学实验是最能吸引学生的教学内容。化学教师应充分发挥化学实验的特殊功能来提高学生的学习兴趣。化学实验教学不仅要强调安全意识和操作的基本规范,更要重视对实验情境的生活化、趣味化设计,使化学实验贴近学生的生活经验,培养学生亲近化学、热爱化学、向往化学的积极情感。

第 2 节　检测型生活化学实验

检测型实验属于定量实验。定量实验是培养学生严谨认真的科学态度的必经之路。然而,定量实验的比例在化学实验中所占比例不高。以下两则检测型生活化学实验是定量实验,其设计思路可为今后定量实验的设计提供参考。

一、实验案例

1. 测定口香糖中甜味物质的含量

小朋友在吃糖果时,咀嚼到最后糖果可以完全消失;而在吃口香糖时,无论咀嚼多久,总会有物质残留下来。而且,在咀嚼一段时间后,口香糖的甜味会消失。这是因为口香糖中除了含有糖分,还有其他胶类物质,糖分溶于唾液,而胶类物质不溶于唾液。咀嚼一段时间后,糖分进入胃里,胶类物质仍然留在口中。那么,口香糖中的糖分(甜味物质)到底有多少呢? 可以用实验的方法进行测量。以下是实验测量步骤:

(1) 取一包口香糖分发给若干名学生(三到五名),每人一片。

(2) 每名学生将口香糖连同糖纸放在电子天平上称量,记录质量 m_0。

(3) 将口香糖纸剥开,将糖放入口中咀嚼,同时称取糖纸的质量 m_1。

(4) 咀嚼至口中口香糖无甜味后,尽量吮至糖表面唾液量最少,用电吹风吹干唾液,将其用糖纸包好,称取质量 m_2。

(5) 根据实验数据计算口香糖中甜味物质的质量分数,取三次测量的平均值。

实验数据和数据处理结果如表 6-2-1 所示:

表 6-2-1　某品牌口香糖中甜味物质含量测量数据

测量次数	1	2	3
糖与糖纸总质量 m_0/g	3.159 5	3.178 0	3.201 9
糖纸质量 m_1/g	0.107 1	0.103 5	0.132 6
胶类物质与糖纸总质量 m_2/g	1.229 3	1.180 5	1.233 3
口香糖质量 $m_3 = (m_0 - m_1)$/g	3.052 4	3.074 5	3.069 3
甜味物质质量 $m_4 = (m_0 - m_2)$/g	1.930 2	1.997 5	1.968 6
甜味物质质量分数 m_4/m_3	63.24%	64.97%	64.14%
甜味物质质量分数均值	64.12%		

2. 温度的奥秘

在喝水时,我们把很烫的开水晾一会儿它就会变凉,而在夏天的中午,放一盆自来水在室外,它又会变得热起来。为什么水的温度会变化? 在这些司空见惯的日常生活现象中,到底隐藏着怎样的科学奥秘? 为了揭开温度的奥秘,采用以下实验步骤进行探究。

(1) 准备三张表格记录数据。每张表格分为两行,一行为时间,一行为温度。前两张表格的时间以 5 秒为时间间隔,自 0 秒开始取 50 个间隔。第三张表格的时间以 30 秒为时间间隔,自 0 秒开始取 40 个间隔。

(2) 在 500 mL 烧杯内加入约 250 mL 水,加冰块至烧杯充满。将温度计放入冰水混合物中,并用玻璃棒搅拌,直至温度计读数稳定在 0 ℃。这时三名学生组成小组,开始操作以下实验。

(3) 将温度计从冰水混合物中取出,用食指与拇指将温度计的水银球部分捏住,使温度计温度升高。从温度计取出的瞬间开始计时、读数、记录。第一个人用秒表计时并每隔 5 秒报告一次,同时第二个人读出温度计示数,第三个人将数据记入表格中。至第一张表格填满。

(4) 重复第 2、3 步操作。但这次将温度计从冰水混合物中取出后悬置于空气中,让温度计温度自然升高。从温度计取出的瞬间开始计时、读数、记录,至第二张表格填满。

(5) 用量筒量取 5 mL 冰水,加入小试管中,固定在铁架台上。在小试管中插入温度计,在温度计上部用铁夹固定。将小试管放入冰水混合物中冷却至温度稳定在 0 ℃以后,撤走冰水混合物,并立即开始以 30 秒为间隔计时、读数、记录,至第三张表格填满。

(6) 根据三张表格中的数据作出温度变化的曲线图并进行分析。

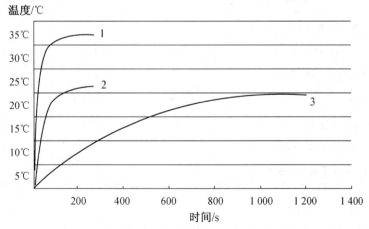

图 6-2-1　温度计示数变化曲线

实验数据如图 6-2-1 所示。图 6-2-1 中的三条曲线分别表示不同环境中的温度变化。曲线 1 为手捏温度计情况下的温度变化曲线,曲线 2 为温度计悬置在空气中的温度变化曲线,曲线 3 为温度计悬置在冰水中的温度变化曲线。

对比三条曲线,发现曲线斜率及趋近水平是不一样的。对于 1、2 两条曲线来说,两者的差异是由于环境温度不同。实验中,人体体温为36.90 ℃,室温为 23.50 ℃。曲线 1 的斜率大于曲线 2 的斜率。曲线 1 趋近36.90 ℃,曲线 2 趋近于 23.50 ℃。说明受热系统与周围环境的温差越大,温度变化速率越快。但受热系统的终点温度都趋近于环境温度。对于 2、3 两条曲线来说,环境温度相同,都是周围空气的温度 23.50 ℃,但受热系统的组成不同。曲线 2 的受热系统是温度计的水银球,曲线 3 的受热系统是温度计的水银球和 5 mL 冰水。前者质量较小,后者质量较大。曲线 2 的斜率大于曲线 3 的斜率,两条曲线也都趋近于室温。说明在环境温度相同时,受热系统的质量越大,温度变化越慢,但受热系统的终点温度还是趋近于环境温度。综合这三组数据,可以得出这样的结论:温差和质量是影响物体温度变化快慢的重要因素,只要时间充分,物体温度最终等于环境温度。

二、实验点评

这两则实验,一则是关于温度,一则是关于质量。这两个物理量既是重要的科学概念,又是学生在日常生活中非常熟悉但又没有深刻理解的概念。实验所使用器材都很常见,实验操作也十分简单,但是培养的实验技能和能力却不少,包括温度计的使用、电子天平的使用、实验条件的控制、实验数据的读取与记录、将数据转化为图形、对数据和图形进行分析、计算质量分数等。这两则实验都是小组合作实验。在实验时学生要通过合作、分工才能完成任务,这对于培养学生的团队精神十分重要。

科学源于生活。让学生感受到生活中处处有科学,科学就在我们身边,是每一位科学教育者的责任。我们应该好好耕耘“生活”这块土地,让科学扎根于生活,并在生活中茁壮成长。

附录　生活化学实验安全规则

　　1. 禁止学生独自操作实验。必须在学校专业实验室里由教师监管才能进行实验。

　　2. 做实验时,要佩戴护目镜和医用手套,穿戴实验服,穿不露脚趾的满口鞋,长发必须束紧。

　　3. 随意混合生活用品的行为不仅非常愚蠢,而且还存在安全隐患。严禁此类行为的发生。

　　4. 不擅自接触不熟悉的生活用品。首次使用不熟悉的生活用品时要有成人监管,并且仔细阅读商品标识说明。对于标识中显示有潜在危险,或者有"儿童不宜接触"之类字样的生活用品,应避免使用。

　　5. 管道通疏通剂只能用固体颗粒型。配制好的少量管道通溶液溅到皮肤上,用吸水纸擦去后冲洗即可。如果大量管道通溶液泼到皮肤上,可先用吸水纸擦去,然后用白醋清洗,最后用水冲洗。

　　6. 绝对禁止品尝任何实验用品。

　　7. 实验时要集中注意力。禁止在实验场所吃喝、追逐、打闹、说笑等等。

　　8. 严格按照实验步骤进行实验。如果需要修改实验步骤,必须经过指导教师的同意。

　　9. 实验场所应该配备以下物品:灭火器、烫伤膏、创可贴、医用酒精消毒棉球等。

　　10. 进入实验场所时,要观察安全出口和逃生通道,并保障道路畅通。

后　记

　　封笔之时正值新冠肺炎疫情蔓延全球之际。以此疫情为分界，人类将重新认识科学技术的重要性，科学兴趣的培养和科学素养的提升也将重返历史舞台，成为热点议题。源于生活的科学实验简便易行，它能将人们从熟悉的生活世界带入未知的科学世界。

　　新冠肺炎是世纪罕见之大疫，已经夺去了无数人的生命。全世界的科学家正在与病毒赛跑，争分夺秒地致力于病毒溯源、疫苗研制、新药研发工作。此外，与新冠肺炎疫情同时爆发的还有森林大火、洪水泛滥、蝗虫灾害等。不可否认，在大疫大灾来临时，唯有依靠科学技术，人类才能安身立命。面向未来，不可预知的自然界风险与危机随时可能再次爆发。立足当下，我们应当寄希望于现在的年轻一代。通过培养青少年的科学兴趣，鼓励更多青年才俊投身科学事业，为防范自然界风险，化解危机做好人才储备。

　　新冠肺炎疫情使全社会摁下暂停键，由此带来世界格局前所未有的百年之大变局。全球范围内的新一轮科技革命和产业变革正加速进行，它将重塑国家竞争力在全球的位置，引发行业和产业结构的深刻调整，改变人类的生活方式。我国科技创新在部分领域取得了巨大成绩，但基础科研"短板"仍较突出，基础科学发展长期形成了对国外的跟踪追赶模式，从0到1的重大原创性成果缺乏，关键核心技术受制于人，被"卡住脖子"。大国竞争新变局已延伸到科技创新领域。美国已经明确将中国视为首要的战略竞争对手，对中国的全面战略遏制正在从经贸向科技领域延伸，技术来源通道收窄，科技人才交往受到严格限制，中国顶尖科学家遭受不公待遇。在此时代背景下，科技创新人才已然成为国家发展的战略资源。

　　科学教育在促进科技创新和提高国家竞争力中具有基础性和先导性作

用。我国正在实施创新驱动发展、"中国制造2025""互联网十""网络强国""一带一路"等重大战略。为了在未来全球创新生态系统中占据战略制高点,我国迫切需要培养大批新兴工程科技人才。2019年6月,《中共中央国务院关于深化教育教学改革全面提高义务教育质量的意见》明确指出要加强科学教育。我国教育部已经及时跟进这一国家战略。自2017年以来,先后出台"新工科"建设、"强基计划"等政策、印发《义务教育小学科学课程标准》,倡导跨学科学习方式,建议小学科学教师在教学实践中开展STEM教育。中国教育科学研究院STEM教育研究中心发布《中国STEM教育白皮书》(精华版),启动"中国STEM教育2029创新行动计划",力图打造覆盖全国的STEM教育示范基地。

兴趣是行动的引擎,科学兴趣在科技人才成长中发挥牵引驱动作用。人类历史上的伟大科学家无不从小就表现出浓厚的科学兴趣。世界经合组织(Organization for Economic Co-operation and Development,OECD)的研究发现,早期科学兴趣对后期科学领域的学习和是否从事相关职业有预测作用。一项针对欧盟理工科大学生的"科技专业与科技职业吸引力"调查显示,几乎所有学生(96.9%)都将兴趣视为选择科技专业的首要和最重要因素。

然而,国外研究表明,社会发展水平与学生学习科学技术的兴趣程度之间存在着强烈反差关系。一些国家表示担忧,随着社会不断发展,国家对科技人才的需求在增长,而学生对科技的兴趣在下降。他们要求全球科学论坛(The Global Science Forum)调查这种下降是否确实发生。调查结果表明,理工科学生的绝对人数在上升,但相对比例却在下降。在物理科学和数学方面,学生的绝对人数已呈现下降趋势。以英国为例,从20世纪90年代早期开始,义务教育阶段之后选择继续学习STEM学科的学生数量开始出现下降。

这种现象在我国也同样存在。PISA2018测试结果表明,我国京沪苏浙四省市学生期望在30岁左右从事科学相关职业的比例只有25%,这一比例不仅低于OECD的平均值(32%),还远低于新加坡(41%),在参测国家(地区)中排名靠后。PISA2015调查结果显示,当问及"学生30岁时希望从事的工作"时,京沪苏粤仅有16.8%的学生希望从事科学类事业(包括科学、医院、电脑、工程等),在72个参测国家(地区)中排名靠后。相较而言,虽然美国学生成绩不高,但有38%的学生希望从事科学类工作,英国、新加坡、加拿大的比例也分别有 29％、28％、34％。北京大学曾对全国近百所高校十万名大学生进行调研，发现大学前科学兴趣和大学理科专业兴趣非常强烈的学生比例均不足 20％。如此低的比例与我国战略发展所需人才极不匹配。大学前的科学兴趣显著影响入学后大学生的专业自我效能、专业自我认同以及职业志趣，大学生入学后的理科专业学习兴趣与大学前科学兴趣相比又呈现"缩水趋势"。北京大学的调研和众多理科专家都认为，我国理科本科生学习兴趣和职业志向双重缺失。这说明基础教育阶段学生科学兴趣不足会引起理科萎缩，降低高等教育理科人才培养质量。科技人才的培养应贯通从小学到大学的各个学段。如果低端没有做好兴趣培养和技能储备，那么在高端开设的课程就会缺乏知识和技能基础。

　　科学兴趣制约公民科学素养提升。此次新冠肺炎疫情充分暴露了我国公众科学素养不高的明显短板。我国公众科学素养不高，青少年科学兴趣不足的风险正在形成，并逐渐累积。一方面，社会发展对科技人才的需求在增加，科技人才越来越成为国家的战略需要；另一方面，具有科学兴趣的学生比例不足，青少年对科技类职业志愿率低，这种现象与国家战略需要背道而驰，若不尽早加以遏制，将引发科技人才生源亏空和培养质量下降，进而转化为未来科技人才短缺危机。该危机一旦形成将在短期内难以化解，从而削弱国家综合竞争实力，危及国家安全。最早发现这一危机并率先采取行动的是美国。2012 年 3 月，《美国教育改革与国家安全》报告提出美国教育危机即国家安全危机。奥巴马担任美国总统后，连续颁布了"美国振兴及投资法案""竞争卓越计划""为创新而教计划""尊重项目""新科技教育十年计划"等政策刺激 STEM 教育，提高学生科学兴趣，加大理工科人才培养力度。世界其他国家也充分认识到提高学生科学兴趣的重要性。2008 年，苏格兰拨巨款以增进儿童对科学的兴趣。2013 年，澳大利亚出台《国家利益层面上的科学、技术、工程和数学：战略取向》指出，基础教育阶段应侧重于培养儿童对于 STEM 领域的学习兴趣与好奇心，并夯实基础知识，在学习过程中提升科学素养。

　　这个时代，风险无处不在，科技创新是百年未有之大变局中的关键变量。在此背景下，研究科学兴趣与科学素养提升问题具有十分重要的战略意义。已有研究认为，家庭教育、学校教育是影响科学兴趣形成与科学素养提升的主导性因素。生活化学实验的原料来源于人们熟悉的日常生活，课程实施在于学校，因此，它较好地融合了家庭因素和学校因素。希望本书能够提高我国化学教师或科学教师的生活化学实验设计能力,帮助他们用好生活化学实验,助力青少年科学兴趣的培养,提升公众的科学素养不平。疫情当下,放眼未来,每位科学教育人应当谨记:科学兴趣培养和科学素养提升工作重任在肩。

龙　琪
于莫愁校区
2020 年金秋

主要参考文献

1. 大连理工大学无机化学教研室. 无机化学(第六版). 北京:高等教育出版社,2018

2. 林成滔. 科学的发展史. 西安:陕西师范大学出版社,2009

3. 孙毓庆等. 分析化学(第二版). 北京:科学出版社,2006

4. 中国科学技术协会主管,中国化学会、北京师范大学主办. 化学教育

5. 教育部主管、华东师范大学主办. 化学教学

6. 教育部主管、陕西师范大学主办. 中学化学教学参考

7. 教育部基础教育司、教育部教学仪器研究所主办. 教学仪器与实验

8. American Chemical Society. Journal of chemical education